Zur Einführung.

Die **Werkstattbücher** behandeln das Gesamtgebiet der Werkstattstechnik in kurzen selbständigen Einzeldarstellungen; anerkannte Fachleute und tüchtige Praktiker bieten hier das Beste aus ihrem Arbeitsfeld, um ihre Fachgenossen schnell und gründlich in die Betriebspraxis einzuführen.

Die Werkstattbücher stehen wissenschaftlich und betriebstechnisch auf der Höhe, sind dabei aber im besten Sinne gemeinverständlich, so daß alle im Betrieb und auch im Büro Tätigen, vom vorwärtsstrebenden Facharbeiter bis zum leitenden Ingenieur, Nutzen aus ihnen ziehen können.

Indem die Sammlung so den einzelnen zu fördern sucht, wird sie dem Betrieb als Ganzem nutzen und damit auch der deutschen technischen Arbeit im Wettbewerb der Völker.

Bisher sind erschienen:

Heft 1: **Gewindeschneiden.** Zweite, vermehrte und verbesserte Auflage. Von Oberingenieur O. M. Müller.

Heft 2: **Meßtechnik.** Dritte, verbesserte Auflage. (15.—21. Tausend.) Von Professor Dr. techn. M. Kurrein.

Heft 3: **Das Anreißen in Maschinenbauwerkstätten.** Zweite, völlig neubearbeitete Auflage. (13.—18. Tausend.) Von Ing. Fr. Klautke.

Heft 4: **Wechselräderberechnung für Drehbänke.** (7.—12. Tausend.) Von Betriebsdirektor G. Knappe.

Heft 5: **Das Schleifen der Metalle.** Zweite, verbesserte Auflage. Von Dr.-Ing. B. Buxbaum.

Heft 6: **Teilkopfarbeiten.** (7.—12. Tausend.) Von Dr.-Ing. W. Pockrandt.

Heft 7: **Härten und Vergüten.** 1. Teil: **Stahl und sein Verhalten.** Dritte, verbess. u. vermehrte Aufl. (18.—24. Tsd.) Von Dr.-Ing. Eugen Simon.

Heft 8: **Härten und Vergüten.** 2. Teil: **Praxis der Warmbehandlung.** Dritte, verbess. u. vermehrte Aufl. (18.—24. Tsd.) Von Dr.-Ing. Eugen Simon.

Heft 9: **Rezepte für die Werkstatt.** 2. verbess. Aufl. (11.-16. Tsd.) Von Dr. Fritz Spitzer.

Heft 10: **Kupolofenbetrieb.** 2. verbess. Aufl. Von Gießereidirektor C. Irresberger.

Heft 11: **Freiformschmiede.** 1. Teil: **Technologie des Schmiedens. — Rohstoffe der Schmiede.** 2. Aufl. Von J. W. Duesing und A. Stodt.

Heft 12: **Freiformschmiede.** 2. Teil: **Einrichtungen und Werkzeuge der Schmiede.** 2. Aufl. (In Vorbereitung).

Heft 13: **Die neueren Schweißverfahren.** Dritte, verbesserte u. vermehrte Auflage. Von Prof. Dr.-Ing. P. Schimpke.

Heft 14: **Modelltischlerei.** 1. Teil: **Allgemeines. Einfachere Modelle.** Von R. Löwer.

Heft 15: **Bohren.** Von Ing. J. Dinnebier und Dr.-Ing. H. J. Stoewer. 2. Aufl. (8.—14. Tausend).

Heft 16: **Reiben und Senken.** Von Ing. J. Dinnebier.

Heft 17: **Modelltischlerei.** 2. Teil: **Beispiele von Modellen und Schablonen zum Formen.** Von R. Löwer.

Heft 18: **Technische Winkelmessungen.** Von Prof. Dr. G. Berndt. Zweite, verbesserte Aufl. (5.—9. Tausend.)

Heft 19: **Das Gußeisen.** Von Ing. Joh. Mehrtens.

Heft 20: **Festigkeit und Formänderung.** I: **Die einfachen Fälle der Festigkeit.** Von Dr.-Ing. Kurt Lachmann.

Heft 21: **Einrichten von Automaten.** 1. Teil: **Die Systeme Spencer und Brown & Sharpe.** Von Ing. Karl Sachse.

Heft 22: **Die Fräser.** Von Ing. Paul Zieting.

Heft 23: **Einrichten von Automaten.** 2. Teil: **Die Automaten System Gridley (Einspindel) u. Cleveland u. die Offenbacher Automaten.** Von Ph. Kelle, E. Gothe, A. Kreil.

Heft 24: **Stahl- und Temperguß.** Von Prof. Dr. techn. Erdmann Kothny.

Heft 25: **Die Ziehtechnik in der Blechbearbeitung.** Von Dr.-Ing. Walter Sellin.

Heft 26: **Räumen.** Von Ing. Leonhard Knoll.

Heft 27: **Einrichten von Automaten.** 3. Teil: **Die Mehrspindel-Automaten.** Von E. Gothe, Ph. Kelle, A. Kreil.

Heft 28: **Das Löten.** Von Dr. W. Burstyn.

Heft 29: **Kugel- und Rollenlager (Wälzlager).** Von Hans Behr.

Heft 30: **Gesunder Guß.** Von Prof. Dr. techn. Erdmann Kothny.

Heft 31: **Gesenkschmiede.** 1. Teil: **Arbeitsweise und Konstruktion der Gesenke.** Von Ph. Schweißguth.

Heft 32: **Die Brennstoffe.** Von Prof. Dr. techn. Erdmann Kothny.

Heft 33: **Der Vorrichtungsbau.** I: **Einteilung, Einzelheiten u. konstruktive Grundsätze.** Von Fritz Grünhagen.

Heft 34: **Werkstoffprüfung (Metalle).** Von Prof. Dr.-Ing. P. Riebensahm und Dr.-Ing. L. Traeger.

Fortsetzung des Verzeichnisses der bisher erschienenen sowie Aufstellung der in Vorbereitung befindlichen Hefte siehe 3. Umschlagseite.

Jedes Heft 48—64 Seiten stark, mit zahlreichen Textabbildungen.

WERKSTATTBÜCHER

FÜR BETRIEBSBEAMTE, KONSTRUKTEURE UND FACH-
ARBEITER. HERAUSGEGEBEN VON DR.-ING. EUGEN SIMON

HEFT 51

Spannen im Maschinenbau

Werkzeuge und Verfahren zum Aufspannen der Werkstücke auf den Maschinen

Von

Ing. Fr. Klautke

Mit 187 Abbildungen im Text

Berlin
Verlag von Julius Springer
1934

Inhaltsverzeichnis.

ISBN 978-3-7091-5209-6 ISBN 978-3-7091-5357-4 (eBook)
DOI 10.1007/ 978-3-7091-5357-4

Vorwort.

Die fortschreitende Entwicklung im Werkzeug- und Werkzeugmaschinenbau macht es notwendig, alle Vorgänge in der Werkstatt, die mit der Zerspanungstechnik im mittel- oder unmittelbaren Zusammenhang stehen, daraufhin zu untersuchen, ob sie noch zeitgemäß und mit der größtmöglichen Leistungsfähigkeit der Maschinen und Werkzeuge in Einklang zu bringen sind. Zu diesen Vorgängen gehört in erster Linie das Spannen. Wie wichtig und notwendig es ist, auch auf diesem Gebiet zu bessern, hauptsächlich aber die verbesserten und hochwertigen Spannmittel auszunutzen, mag daraus erhellen, daß auch die leistungsfähigste Maschine nicht wesentlich mehr zu leisten vermag als eine ganz veraltete, wenn es nicht möglich ist, das Werkstück so fest und sicher aufzuspannen, daß es auch dem höheren Schnittdruck standhält, sondern man gezwungen ist, den Schnittdruck zu vermindern. Es dürfte nun aber nicht allein genügen, die neuzeitlichen verbesserten Spannmittel der Werkstatt zur Verfügung zu stellen, sondern es wird auch erforderlich sein, daß der Betriebsmann ihre Wirkungsweise genauestens kennenlernt, um in jedem Einzelfalle das zweckmäßigste auswählen und anwenden zu können.

In diesem Heft wird nun eine Übersicht über die gebräuchlichsten Spannmittel und Spannverfahren früherer und neuester Zeit gegeben und dabei versucht, die Vorgänge beim Spannen so zu erläutern, daß der Betriebsmann daraus Nutzen zu ziehen vermag. Nicht mit einbegriffen sind diejenigen Spannmittel und Verfahren, die lediglich zur Befestigung der Bearbeitungswerkzeuge dienen.

An dieser Stelle sei auch dem Herausgeber gedankt für die reiche und wertvolle Förderung dieser Arbeit, ferner den Firmen, die mir Druckstöcke überlassen haben, besonders der Firma Paul Forkardt Aktiengesellschaft, die an den dargestellten neuzeitlichen Spannmitteln den wesentlichsten Anteil hat.

I. Allgemeines über Spannarten und Spannmittel.

1. Bedeutung und Zweck des Spannens. Mit Spannen bezeichnet man in den mechanischen Werkstätten kurzweg das Festspannen der Werkstücke auf den Maschinen, um sie auf ihnen bearbeiten zu können. Näher erläutert bedeutet es daher: Werkstück und Maschine so fest miteinander verbinden, daß das Werkstück während der Bearbeitung, also unter dem Einfluß eines oder mehrerer Werkzeuge, von der Maschine festgehalten wird. Die Kräfte, die auf das Werkstück durch Angriff der Werkzeuge ausgeübt werden und die der Kraftäußerung der Maschine entgegenwirken, müssen dabei durch ein Spannmittel als Bindeglied zwischen Maschine und Werkstück übertragen werden. Folglich hängt es von diesem Spannmittel ab, bis zu welchem Grade die Schnittkräfte durch Vergrößerung des Spanquerschnittes gesteigert bzw. ob sie so weit gesteigert werden können, daß sie der größtmöglichen Kraftäußerung der Maschine gleichkommen. Nur in diesem Falle wird die Maschine voll ausgenutzt. Sehr häufig ist das Spannmittel dazu aber nicht wirksam genug, und es werden dann mit Rücksicht hierauf die Schnittkräfte durch Verkleinerung des Spannquerschnittes so weit verringert, daß das Werkstück eben noch gehalten wird. Das ist natürlich grundfalsch, zeigt aber, daß das Spannmittel allein die Ursache dafür sein kann, wenn eine Maschine nicht voll oder gar nur sehr wenig ausgenutzt wird.

Die Wirksamkeit des Spannmittels darf sich nun aber nicht darauf beschränken, das Werkstück festzuhalten, sie muß es auch richtig „bestimmen“ bzw. „zentrieren“ und während des ganzen Bearbeitungsvorganges in dieser Lage halten. Erst dann wird die eigentliche „Spannwirkung“ erzielt.

Das hauptsächlichste und gemeingebräuchliche Spannmittel für die Rundbearbeitung ist die Planscheibe, für die Langbearbeitung der Maschinenschraubstock. Von diesen leiten sich alle andern Hauptspannmittel mehr oder weniger ab. Neben den Hauptspannmitteln, die besonders der Kräfteübertragung dienen, sind noch die Hilfsspannmittel zu erwähnen, die in Verbindung mit jenen und zu ihrer Unterstützung oder auch allein verwendet werden.

2. Spannkräfte und Schnittkräfte. Die Aufgaben des Spannmittels werden durch die in mehreren Richtungen und sehr verschieden zum Spannmittel angreifenden Schnittkräfte verschiedenartig beeinflußt. Meist erschweren die Schnittkräfte nur die eine oder andere Aufgabe des Spannmittels. So kann es vorkommen, daß das Werkstück zwar die richtige Lage beibehält, also richtig bestimmt bzw. zentriert bleibt, daß die Spannbacken es aber nicht genügend festhalten, so daß es in ihnen gleitet. Oder es kann das Werkstück umgekehrt zwar nicht gleiten, jedoch sich während der Bearbeitung in der richtigen Lage verändern, also nicht bestimmt bzw. zentriert bleiben. Bei der Rundbearbeitung (Drehen, Bohren, Rundfräsen, Rundschleifen) suchen die angreifenden Kräfte in erster Linie das Werkstück in der Einspannung zu drehen. Wird das Werkstück nun z. B. durch zwei Körnerspitzen gehalten, so sind die Schnittkräfte, ganz gleich wo und in welcher Richtung sie auftreten, für die Bestimmung bzw. Zentrierung des Werkstückes im allgemeinen ganz einflußlos: Das Werkstück kann wohl in der Einspannung gleiten, bleibt aber sonst in seiner Lage unverändert.

Es ist dann lediglich für eine Mitnahme des Werkstückes durch die Maschine zu sorgen, die allerdings auf gewöhnliche Art oft nicht genügend, auf besondere Art jedoch stets auch mit unverhältnismäßig geringem Spanndruck oder auch ganz ohne Spanndruck erreicht werden kann. Ist das Werkstück jedoch „fliegend“ im Futter eingespannt, so kommt es sehr darauf an, wo und in welcher Richtung die Schnittkräfte auftreten, denn sie können das Werkstück aus seiner anfänglich richtigen Lage drücken und es überhaupt in der Einspannung lockern. Die Wirkung auch verhältnismäßig geringer Schnittkräfte kann in besonderen Fällen so groß werden, daß es auf gewöhnliche Art und mit gewöhnlichen Mitteln nicht möglich ist, eine genügende Spannwirkung zu erzielen bzw. den Schnittkräften durch die Spannkräfte entgegenzuwirken. Es sind dann besondere Maßnahmen zu treffen.

Der erste Fall, wenn lediglich nur eine genügende Mitnahme erzielt und das Gleiten verhindert werden soll, ist sehr einfach: Die Hauptschnittkraft P (Abb. 1) bildet mit dem Radius $d/2$, an dem sie angreift, für das Werkstück ein Moment, das Schnittkraftmoment $A = P \cdot d/2$, dem die Einspannung ein Moment, das Spannkraftmoment B, entgegengesetzt, und das Gleiten wird so lange verhindert, wie $A < B$ ist. B ergibt sich aus dem Spanndruck C, der Reibungszahl μ und dem Spanndurchmesser D zu:

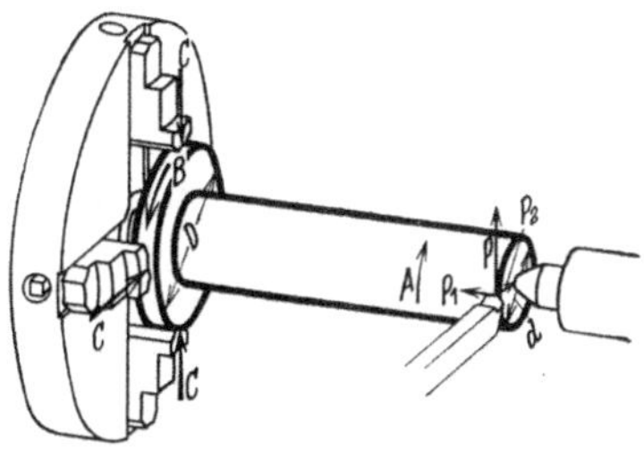

Abb. 1.

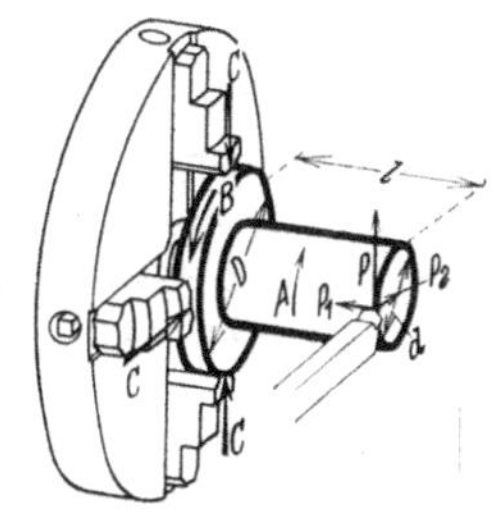

Abb. 2.

Spann- und Schnittkräfte bei der Rundbearbeitung. P Hauptschnittdruck, P_1 Vorschubdruck, P_2 Rückdruck, A Schnittkraftmoment, B Spannkraftmoment, C Spanndruck.

$B = C\mu \cdot D$, wobei $C\mu$ die Umfangskraft am Spanndurchmesser darstellt. Bei gleichbleibendem C wächst B mit D, und μ kann durch Aufrauhen der Spannfläche vergrößert werden[1]. Das gilt für den gewöhnlichen Fall beim Spannen eines Rundkörpers. Beim Spannen eines eckigen Körpers wird das Werkstück ganz unabhängig vom Spanndruck mitgenommen. Aber auch bei den Rundkörpern können Maßnahmen getroffen werden (worauf später noch näher eingegangen wird), daß sich selbsttätig während des Betriebes das Spannkraftmoment so erhöht, daß es immer größer als das Schnittkraftmoment ist. Vorschubdruck P_1 und Rückdruck P_2 spielen in Fällen wie Abb. 1 meist nur eine geringe Rolle. Im zweiten Falle, bei der fliegenden Einspannung (Abb. 2), sind dagegen außer dem Hauptschnittdruck P auch noch P_1 und P_2 für eine genügende Spannwirkung zu beachten. P_1 sucht zunächst das Werkstück gegen das Spannmittel zu drücken, dabei es aber auch zu kippen (mit dem Moment $P_1 \cdot d/2$), da der Druck nicht axial angreift. P_2 sucht das Werkstück seitlich aus der Einspannung zu schieben und mit dem Hebelarm l zu verbiegen. Schließlich ist auch nicht zu vergessen, daß P außer dem Drehmoment auch noch ein Biegungsmoment mit dem Hebelarm 1 hervorruft.

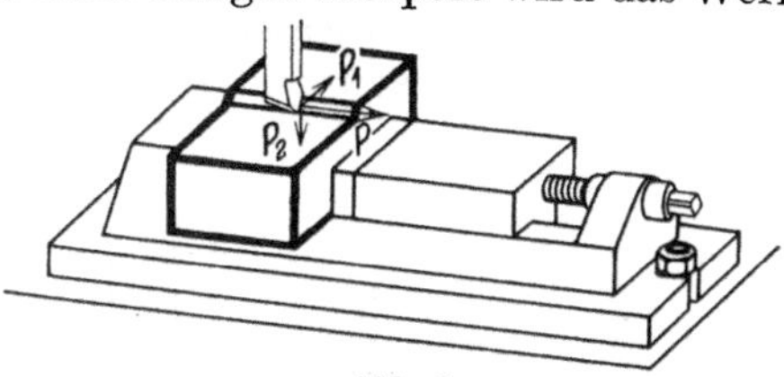

Abb. 3.
Spann- und Schnittkräfte bei der Langbearbeitung.

Es ist nicht möglich, hier auf diese Kraftverhältnisse näher einzugehen, um so

[1] Das Spannkraftmoment B ist auch noch von der Zahl der Spannbacken abhängig: bei 2 und 3 Backen ist $B = C\mu D$, bei 4 Backen (2 unabhängig voneinander spannenden Backenpaaren) $= 2 \cdot C\mu D$.

weniger, als sie sich mit der Einspannung, der Lage der Schnittstelle und der Art der Zerspanung erheblich ändern. Es sei nur noch gesagt, daß wohl in fast allen Fällen besondere Maßnahmen beim Spannen in Futtern getroffen werden können, daß auch die Nebenschnittkräfte ohne Wirkung auf die Lage (Zentrierung, Bestimmung) bleiben. Bei der Langbearbeitung (Hobeln, Fräsen usw.) sucht der Hauptschnittdruck P das Werkstück in erster Linie in der Schnittrichtung zu verschieben (Abb. 3) bzw., wenn es weiter heraussteht (s. Abb. 9 u. 16), auch abzubiegen; der Vorschubdruck P_1 (Abb. 3) sucht es seitlich zu verschieben, der Rückdruck P_2 es auf die Unterlage zu drücken bzw. es von ihr abzuheben. Die Einspannung muß jede Bewegung verhindern.

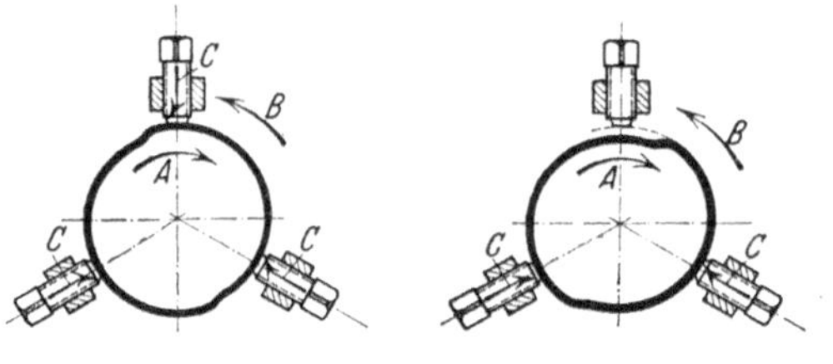

Abb. 4. Abb. 5.
Schematische Darstellung der starren Spannung bei der Rundbearbeitung.
A Schnittkraftmoment, B Spannkraftmoment, C Spanndruck (starr).

3. Spanndruckarten. Man kann grundsätzlich auf zwei verschiedene Arten spannen: starr und elastisch.

a) Starre Spannung. Sie ist die ursprüngliche und gemeingebräuchliche Form. Alle älteren Spannmittel spannen daher auch grundsätzlich starr durch Schraube, Exzenter, Keil und ähnliche Elemente. Die Wirkungsweise wird dadurch gekennzeichnet, daß die das Werkstück unmittelbar angreifenden Spannorgane, wie Spannbacken und Schrauben, während des Betriebes im Beharrungszustand verbleiben, das Werkstück sich also lockern muß, wenn es z. B. durch seine Elastizität unter den angreifenden Organen allmählich nachgibt. Der Spanndruck kann sich also verringern. Umgekehrt kann der Spanndruck auch stärker werden, wenn sich das Werkstück, z. B. durch die Schneidwärme, ausdehnt, oder wenn es zu gleiten anfängt und sich mit darauf befindlichen Erhöhungen (besonders bei rohen Werkstücken) keil- oder exzenterartig zwischen die Spannkloben preßt. Die starre Spannung kann sich also sowohl günstig wie ungünstig auswirken, und es kommt nur darauf an, wie das Werkstück eingespannt wird. Abb. 4 und 5 sind schematische Darstellungen der ungünstigen Wirkungsweise bei der Rundbearbeitung und Abb. 6 und 7 bei der Langbearbeitung. Man denke sich die bei rohen Werkstücken stets unebene Oberfläche etwas wellenförmig, wie in den Abbildungen übertrieben dargestellt. Wird das Werkstück nun so eingespannt, daß die Spannorgane, Schrauben oder Spannbacken, auf einem Wellenberge angreifen (Abb. 4 u. 6), so besteht jederzeit die Gefahr, daß sie unter dem Einfluß der verdrehenden bzw. verschiebenden Kräfte heruntergleiten und das Werkstück freigeben, das dadurch herausfallen kann (Abb. 5 u. 7). Wird das Werkstück jedoch so eingespannt, daß die Spannorgane

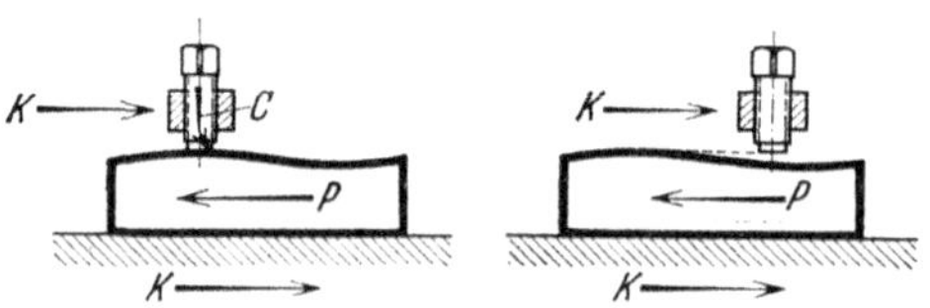

Abb. 6. Abb. 7.
Schematische Darstellung der starren Spannung bei der Langbearbeitung.
P Schnittdruck, C Spanndruck (starr), K Gegenkraft.

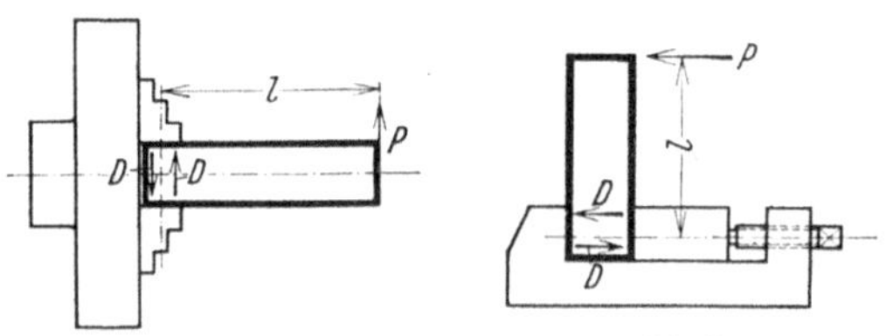

Abb. 8. Abb. 9.
Starre Spannung bei ungünstiger Schnittkraftwirkung.
P Schnittdruck, Pl Kippmoment, D widerstehender Moment.

in einem Wellental angreifen, so entsteht durch die gleichen Kräfte eine Exzenter- bzw. Keilwirkung: der Spanndruck wird größer und somit das Werkstück fester gespannt.

Einen weiteren Vorteil bietet die starre Spannung auch in folgendem Falle: Tritt bei einem eingespannten Werkstück durch die Schnittkräfte eine starke Hebelwirkung ein, z. B. bei einem fliegend eingespannten Rundkörper (Abb 8.) oder bei einem im Maschinenschraubstock eingespannten Werkstück (Abb. 9), so verhindern die starren Spannorgane unbedingt das Herauskippen der Werkstücke.

Selbstverständlich ist auch die starre Spannung in gewissen Grenzen elastisch infolge der eigenen Elastizität der Spannorgane. Diese Elastizität ändert jedoch nichts an der hier erläuterten Wirkungsweise.

b) Elastische Spannung. Die zeitgemäßere elastische Spannung wird hauptsächlich bei den Preßluftspannmitteln angewendet, aber auch bei der Preßöl-, der elektromagnetischen und der Federspannung. Kennzeichnend für die elastische Spannung ist es, daß der Spanndruck während der Arbeit gleich bleibt, die Spannung sich also niemals lockern kann. Abb. 10 u. 11 sind schematische Darstellungen für die Rundbearbeitung und Abb. 12 u. 13 für die Langbearbeitung Auch wenn das Werkstück so eingespannt wird, daß die Spannorgane auf einem Wellenberg angreifen und durch Verdrehungs- bzw. Schubkräfte von diesem heruntergleiten, so bleibt doch der Spanndruck stets gleich, und das Werkstück kann nie lose werden wie bei der starren Spannung. Der gleichbleibende Spanndruck ist auch in anderer Beziehung sehr vorteilhaft: Hohlkörper und manche unstarre Teile können durch einen zu starken Spanndruck sehr leicht verspannt werden; und da die starren Spannmittel in der Regel von Hand angezogen werden, so kann leicht mal zu kräftig gespannt werden. Eine Kontrolle des Spanndruckes ist jedenfalls nicht möglich, der Arbeiter ist lediglich auf sein Gefühl angewiesen. Beim elastischen Spannmittel kann der Spanndruck dagegen auf eine dem Werkstück angepaßte gleichbleibende Höhe eingestellt werden, wodurch ein Verspannen verhindert wird.

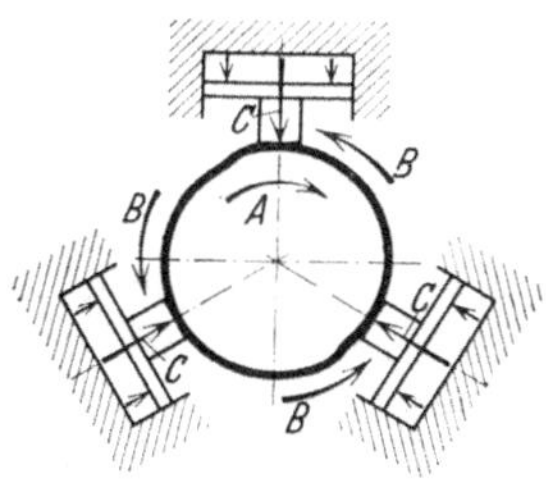

Abb. 10.

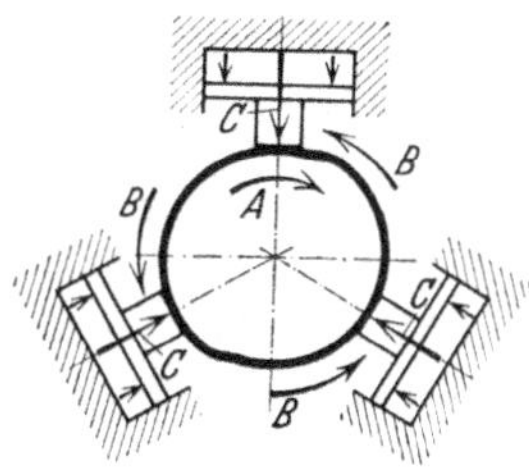

Abb. 11.

Schematische Darstellung der elastischen Spannung bei der Rundbearbeitung.
A Schnittkraftmoment, *B* Spannkraftmoment, *C* Spanndruck (elastisch).

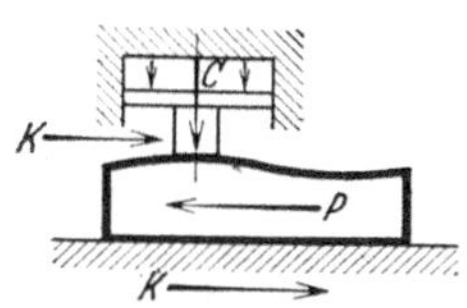

Abb. 12.

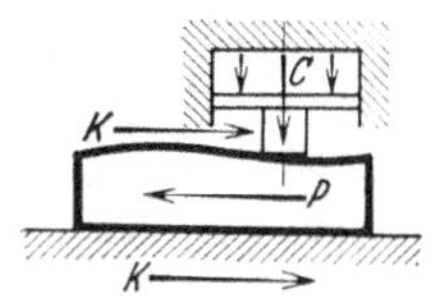

Abb. 13.

Schematische Darstellung der elastischen Spannung bei der Langbearbeitung.
P Schnittdruck, *C* Spanndruck (elastisch), *K* Gegenkraft.

Besonders gut geeignet ist die Preßluftspannung zum Übertragen sehr großer Verdrehungskräfte, z. B. auf Vielstahldrehbänken, Wellendrehbänken u. dgl. In Abb. 14 u. 15 sind schematisch (stark übertrieben) die Wirkungsweise der elastischen Spannung der der starren, bei gleicher Form der Spannorgane, gegenübergestellt. Diese Wirkung zeigt sich beim Spannen von Werkstücken aus sehr weichem Werkstoff auch schon dann, wenn die Spannbacken eine gewöhnliche flache Form haben. Unter dem Spanndruck *C* dringen sie etwas in den Werkstoff ein. Gleitet nun bei der starren Spannung das Werkstück, so wird der entgegenstehende Werkstoff von ihm abgerieben, ohne daß die Backen tiefer eindringen können und der Spanndruck sinkt und nähert sich dem Wert Null (Abb. 14). Gleitet dagegen bei der elastischen Spannung das Werkstück, so dringen die Spannkloben unter dem gleichbleibenden Spanndruck tiefer in den Werkstoff ein. Der entgegenstehende Werkstoff wird nicht abgerieben, sondern er schiebt sich zunächst etwas zusammen und verdickt sich, bis der Gleichgewichtszustand erreicht ist (Abb. 15). Um jedoch auch bei härterem Werkstoff diese eingrabende und sich selbsttätig abbremsende Wirkung zu erzielen, wird man den Spannkloben eine meißel- oder sägenzahnartige Form geben müssen.

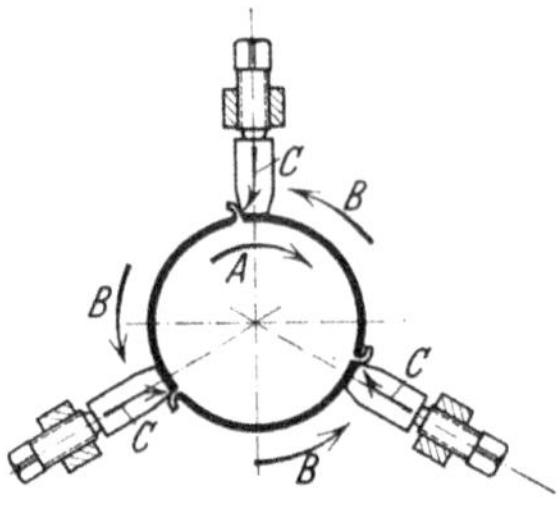

Abb. 14. Schematische Darstellung der abnehmenden Spannwirkung bei der starren Spannung. *A* Schnittkraftmoment, *B* Spannkraftmoment, *C* Spanndruck (starr).

Die elastische Spannung kann aber nicht immer und in jedem Falle angewendet werden, denn auch sie hat Nachteile: Wird der Querschnitt eines eingespannten Werkstückes durchweg oder auch nur an einer Stelle durch die Bearbeitung sehr stark geschwächt, was besonders beim Fräsen häufig vorkommt, so kann es geschehen, daß der gleichbleibende elastische Spanndruck das geschwächte Werkstück zusammengedrückt oder verbiegt. Bei der starren Spannung ist das nicht möglich, da der Spanndruck sofort nachläßt, sobald das Werkstück sich durch Verbiegen oder dergleichen ein wenig verkürzt. Für Frässpannmittel wird sich die Preßluftspannung daher oft nicht eignen.

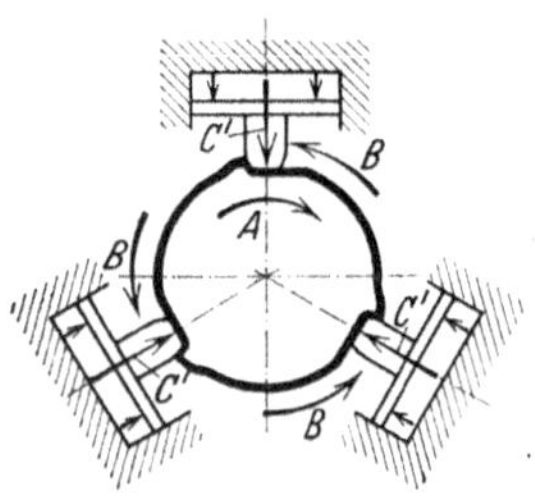

Abb. 15. Schematische Darstellung der Dauerspannwirkung durch elastisches Spannen. *A* Schnittkraftmoment, *B* Spannkraftmoment, *C'* Spanndruck (elastisch).

Es kann auch vorkommen, daß bei der elastischen Spannung durch eine Hebelwirkung das Werkstück aus den Spannorganen gekantet wird, wie es schematisch Abb. 16 zeigt; denn das elastische Spannmittel gibt nach rückwärts nach, sobald eine größere Kraft ihm entgegenwirkt. Allerdings kann man die Rückwärtsbewegung durch entsprechende Konstruktion des Spannmittels auch abbremsen bzw. unmöglich machen, etwa wie in Abb. 17 schematisch. Bei den handelsüblichen Preßluftfuttern ist das meistens nicht der Fall und es können daher sehr wohl zu lange, fliegend eingespannte Körper aus den unverhältnismäßig schmalen Spannkloben herausgekantet werden, sobald auf das äußerste Ende starke Schnittkräfte wirken.

4. Aufnahme der Schnittkraft beim Spannen. Beim starren wie beim elastischen Spannen kann man zwei grundsätzlich verschiedene Arten unterscheiden, die angreifenden Kräfte, das sind die Schnittkräfte, durch die Spannkräfte aufzunehmen:

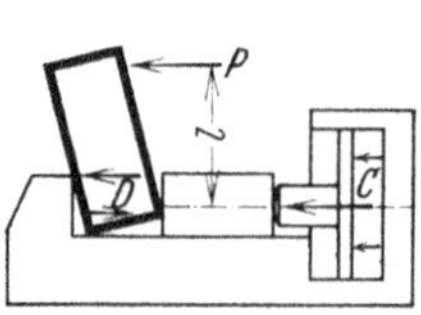

Abb. 16.

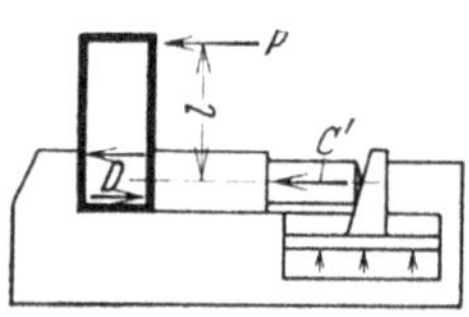

Abb. 17.

Elastisches Spannen ohne und mit abgebremster Rückwärtsbewegung der Spannorgane, schematisch. *Pl* Kippmoment, *D* widerstehendes Moment, *C* bzw. *C'* Spanndruck.

a) Die Spannkraft nimmt die Schnittkraft m i t t e l b a r auf, indem sie einen Gleitwiderstand (gleich Spannkraft mal Reibungszahl) hervorruft, der größer ist als die Hauptschnittkraft bzw. die Umfangskraft am Spanndurchmesser. Dazu muß die Spannkraft mindestens $6 \div 8$ mal so groß sein wie die Schnittkraft. Dieser Fall ist immer dann gegeben, wenn die Schnittkraft rechtwinklig zur Spannkraft steht (Abb. $18 \div 20$); wenn also zylindrische Werkstücke auf der Drehbank zwischen Spitzen oder im Futter, und wenn größere Stücke unmittelbar auf den Tisch der Hobelmaschine oder manchmal auch, wenn kleinere Werkstücke in den Maschinenschraubstock gespannt werden. Immer muß der vom Drehherz, den Futterbacken, den Spanneisen oder auch den Schraubstockbacken erzeugte Gleitwiderstand ausreichend groß sein.

b) Die Spannkraft nimmt die Schnittkraft unmittelbar auf. Dieser Fall ist immer dann gegeben, wenn die Schnittkraft in die Richtung der Spannkraft fällt. Dabei kann die Schnittkraft gegen die feste Wand des Spannmittels (z. B. Schraubstock) gerichtet sein oder gegen die bewegliche bzw. die Spannschraube. Der Spanndruck braucht nur etwa das anderthalb- bis zweifache des Schnittdruckes zu sein. Diese Art der Spannung kommt hauptsächlich bei Schraubstockarbeiten auf der Hobel- und Fräsmaschine vor, wenn der Hauptschnittdruck rechtwinklig zu den Backen steht (Abb. 21 u. 22). Der Druck in der Vorschubrichtung muß dann allerdings durch den Gleitwiderstand übertragen werden.

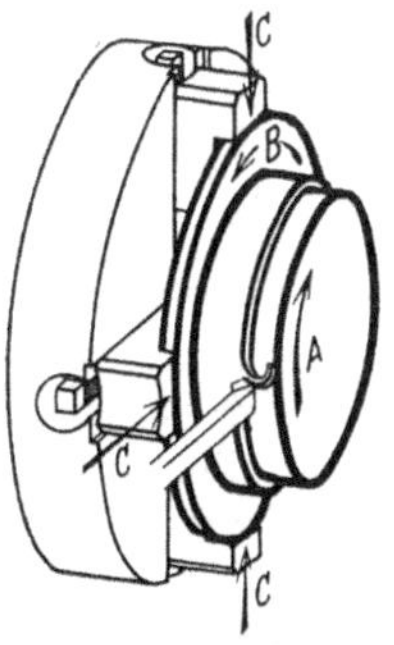

Abb. 18. Aufnahme der Schnittkraft beim Spannen.
A Schnittkraftmoment,
B Spannkraftmoment,
C Spanndruck (starr).

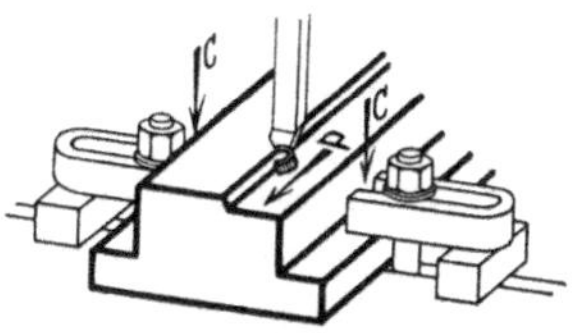

Abb. 19.

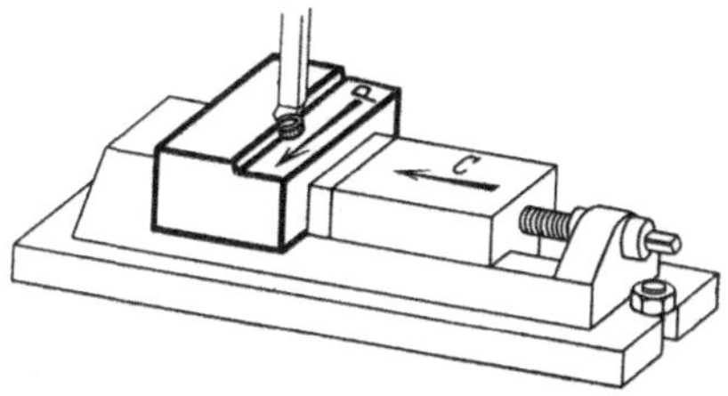

Abb. 20.

Aufnahme der Schnittkraft beim Spannen. *P* Schnittdruck, *C* Spanndruck.

Es ist hier noch besonders darauf hinzuweisen, daß der Schnittdurck, wenn er kleiner ist als der Spanndruck, beim starren Spannen keine zusätzliche Belastung im Spanngerät hervorrufen kann. Es sei z. B. ein Werkstück im Schraubstock mit einem Spanndruck $C = 2000$ kg gespannt, so daß also zwischen dem Werkstück und jeder Backe ein Druck von 2000 kg herrscht. Kommt nun auf das Werkstück der Schnittdruck P, der 1200 kg betragen und gegen die feste Backe gerichtet sein möge (Abb. 21), so wird dadurch der Druck an der beweglichen Backe um 1200 kg verringert, beträgt also nur noch $C'' = 800$ kg, während er an der festen Backe unverändert bleibt: $C = C' = 2000$ kg. Denn der Schnittdruck ist für die feste Backe nur an Stelle des entsprechenden Teiles des Druckes der beweglichen Backe getreten. Ist umgekehrt der Schnittdruck gegen die bewegliche Backe gerichtet (Abb. 22), so wird die feste Backe entlastet, der Druck gegen sie beträgt nur noch $C' = 800$ kg, während der Druck gegen die bewegliche Backe ungeändert bleibt: $C = C'' = 2000$ kg.

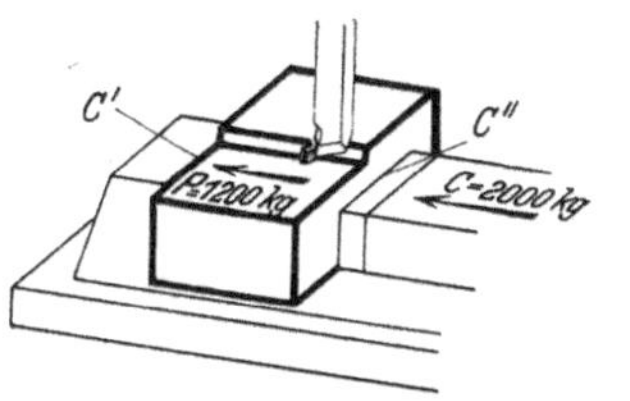

Abb. 21.

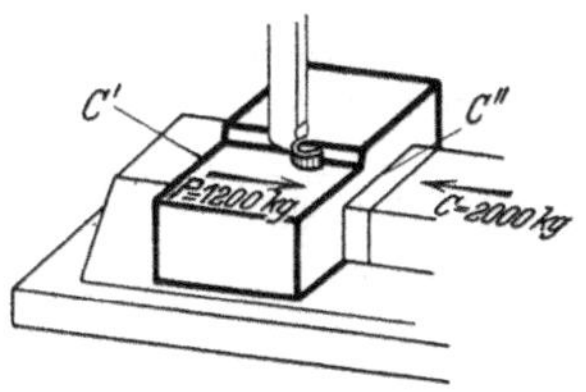

Abb. 22.

Aufnahme der Schnittkraft beim Spannen.
P Schnittdruck, *C* Spanndruck, *C'* Spanndruck an fester und *C''* Spanndruck an beweglicher Backe unter Einfluß des Schnittdrucks.

Beim elastischen Spannen (Preßluft) ändern die Verhältnisse sich für den Fall, daß der Schnittdruck gegen die feste Backe gerichtet ist, wie in Abb. 21. Dann erhöht sich die Belastung der festen Backe auf $C' = 3200$ kg, weil Spanndruck

$C = 2000$ kg und Schnittdruck $P = 1200$ kg sich addieren, und die bewegliche Backe wird nicht entlastet, sondern es bleibt $C = C'' = 2000$ kg.

Im Fall, daß der Schnittdruck gegen die bewegliche Backe gerichtet ist, wie in Abb. 22, bleiben die Verhältnisse wie beim starren Spannen.

5. Einteilung der Spannmittel. Die allgemein gebräuchlichen Spannmittel, wie sie zur mechanischen Bearbeitung erforderlich sind, kann man nach der Bearbeitungsart einteilen, für die sie verwendet werden, in: Spannmittel für Rundbearbeitung, Spannmittel für Langbearbeitung und Spannmittel für Rund- und Langbearbeitung.

II. Spannen bei der Rundbearbeitung.

A. Spannen bei der Spitzenarbeit.

Bei der Rundbearbeitung unterscheidet man Spitzenarbeit und Futterarbeit. Dementsprechend kann man auch die Spannmittel unterteilen. Man kann aber auch die Spannmittel beider Bearbeitungsarten in besonderen Fällen gemeinsam verwenden,

Unter Spitzenarbeit versteht man die Bearbeitung eines Werkstückes, das zentrisch zwischen zwei Körnerspitzen aufgenommen wird, von denen eine in der Maschinenspindel sitzt und sich mit dieser mitdreht, während die andere fest in dem Reitstock sitzt und sich in der Regel nicht mitdreht. Hochleistungsdrehbänke versieht man in neuerer Zeit jedoch mit Reitstockkörnerspitzen, die sich mit dem Werkstück drehen. Bei Rundschleifmaschinen läßt man dagegen aus bestimmten Gründen das Werkstück stets um zwei feststehende Körnerspitzen laufen. Die Spindel der Rundschleifmaschinen erfordert daher eine grundsätzlich andere Konstruktion als die der Drehbänke. An Stelle der gewöhnlichen Körnerspitzen, die mit den Maschinen mitgeliefert werden, verwendet man in besonderen Fällen auch andere Hilfsmittel. Auch die Mittel für die Übertragung der Drehmomente sind recht verschieden. Im nachfolgenden soll darauf näher eingegangen werden.

6. Gewöhnliche Aufnahme. Die Reitstockspitze an der Drehbank wird starr zugespannt. Tritt ein Verschleiß an der Spitzenlagerung im Betriebe ein, so wird die Welle lose und dementsprechend die Arbeit ungenau. Die Reitstockspitze muß im Betriebe also von Zeit zu Zeit etwas nachgestellt werden. Durch starke Wärmeausdehnung des Werkstückes bei der Bearbeitung kann aber auch das Gegenteil eintreten und die Spitzenlagerung übermäßig beansprucht werden. Bei der Rundschleifmaschine ist die Spitzenzuspannung elastisch durch Zwischenschaltung einer Feder, die die Spitzenlagerungen unter gleichem Druck hält (Abb. 23). Für die Ausführung eines sauberen Rundschliffes ist das unbedingt erforderlich.

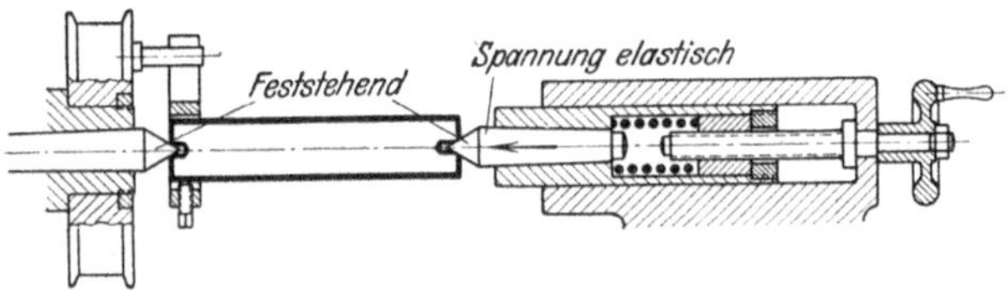

Abb. 23. Elastische Spannung bei der Rundschleifmaschine.

Für die Mitnahme der Welle, also zur Übertragung des Drehmoments verwendet man auf der Drehbank das Dreh- oder Spannherz, das in verschiedenen Ausführungsformen (Abb. 24 und 25) auf den Markt gebracht wird. Bei starken Wellen, besonders bei Vierkantwellen, verwendet man aber auch besondere Schellen (Abb. 26 und 27) oder die Planscheibe (Abb. 28). Bei Rundschleifmaschinen wendet man in der Regel gabelförmig ausgebildete Mitnehmer an, durch die eine bei gewöhnlichen Drehbankherzen mögliche Vorauseilung des Werkstückes bei etwa vorhandener Unbalanz und somit eine beim Schleifen schädliche Ungleichförmigkeit der Werkstückdrehung verhindert wird.

Um die Stirnflächen der Wellen vollständig bearbeiten zu können, ohne daß ein Körnerpfropfen stehen bleibt, wie man ihm häufig an gedrehten Wellen sieht, werden im Reitstock auch sogenannte halbe Spitzen verwendet. Sie gestatten es, mit dem Drehstahl die ganze Stirnfläche bis zur Mitte zu bestreichen.

Die Drehbankspitzen sind nach DIN 806, 807 u. 809 genormt.

7. Spitzendrehdorne. Auf gewöhnliche Art, zwischen den Spitzen, können auch Hohlkörper, hauptsächlich Buchsen und Ringe, dadurch zum Drehen aufgenommen werden, daß sie mit einem Zentrierdorn versehen werden, der in die fertig bearbeitete Bohrung hineingetrieben wird. Gewöhnlich wird das Werkstück durch den Gleitwiderstand auf dem Dorn mitgenommen. In besonderen Fällen (bei schwachen Dornen und großen Durchmessern) kann das Werkstück auch unmittelbar vom Drehbankmitnehmer mitgenommen werden, indem es entweder mit einem Drehherz oder mit einem sonstigen Mitnehmer versehen wird, oder auch dadurch (falls das Werkstück seiner Form nach dafür geeignet ist), daß man den Drehbankmitnehmer gegen einen vorspringenden Teil, z. B. einen unrunden Flansch, anschlagen (Abb. 29) oder in ein Loch oder eine Aussparung hineingreifen läßt. Damit das Werkstück, das dann nur mäßig fest zu sitzen braucht, durch den Vorschubdruck auf dem Dorn nicht verschoben werden kann, versieht man den Drehbankmitnehmer mit einem Anschlagstift wie in der Abbildung oder läßt auch einen besonderen Anschlagstift in die Mitnehmerscheibe ein.

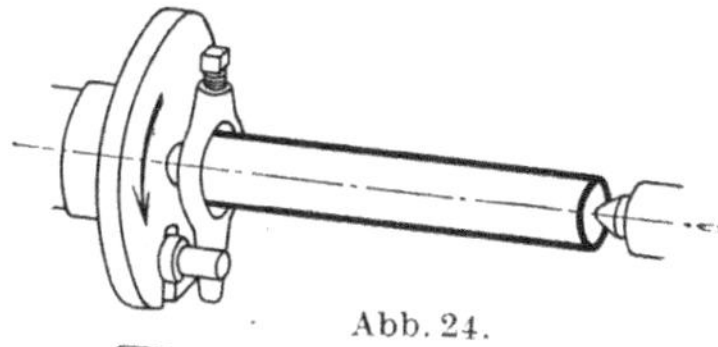

Abb. 24.

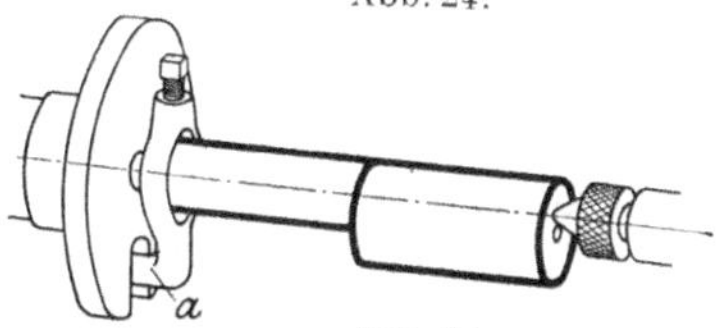

Abb. 25.

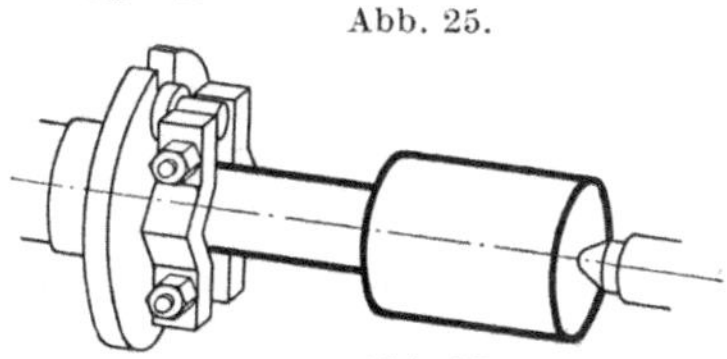

Abb. 26.

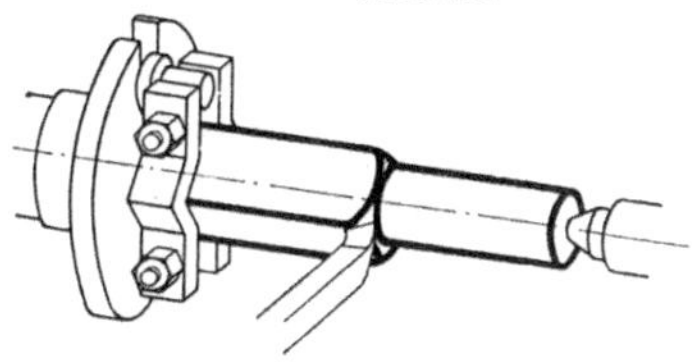

Abb. 27.

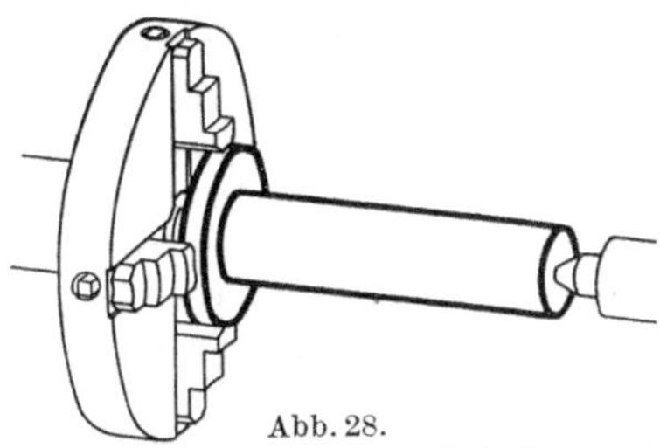

Abb. 28.

Abb. 24 bis 28. Gewöhnliche Aufnahme und Mitnahme des Werkstückes bei Spitzenarbeiten.

Die Drehdorne werden in der Regel etwas kegelig ausgeführt, damit sie sich den Arbeitstoleranzen der Bohrung anpassen können und sich leichter hinein- und hinauspressen lassen. Praktischer sind die Dorne nach Abb. 30: Ein zylindrischer

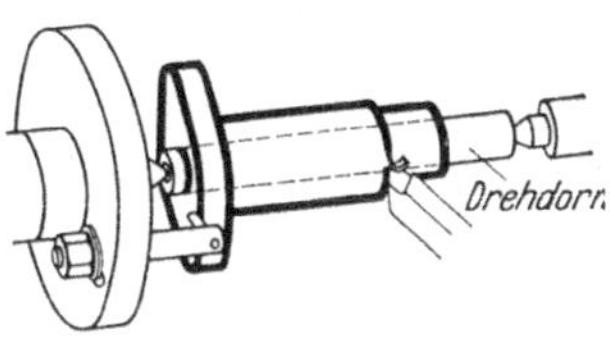

Abb. 29. Aufnahme eines Werkstückes auf gewöhnlichem Drehdorn.

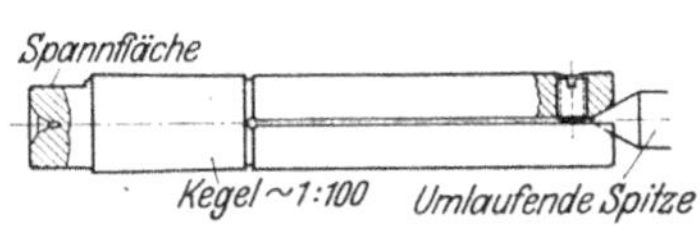

Abb. 30.

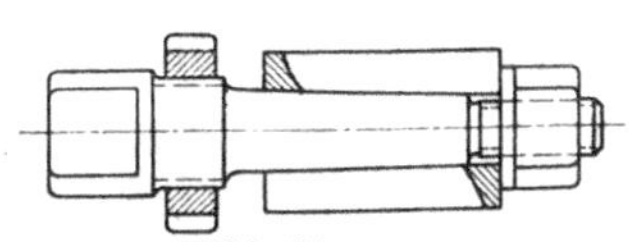

Abb. 31.

Spreizdrehdorne.

Aufnahmeteil mit Laufsitz und ein schwach ansteigender Kegel zum Festpressen des Werkstückes. Der zylindrische Aufnahmeteil ist genau durch die Mitte geschlitzt und wird nach dem Aufstecken des Werkstückes durch die Schraube mäßig auseinandergedrückt. Zu empfehlen ist, beim Drehen eine umlaufende Spitze zu verwenden. Am einwandfreiesten arbeiten für größere Bohrungen die Spreizdorne nach Abb. 31 mit auswechselbaren Buchsen. Alle Drehdorne müssen selbstverständlich gehärtet und genau rund laufend geschliffen sein.

8. Umlaufende Körnerspitzen. Die Verwendung immer hochwertigerer Schneidstähle bei immer höheren Schnittgeschwindigkeiten hat auch sehr hohe Umlaufszahlen für die Werkstücke mit sich gebracht. Damit macht sich auch der Nachteil eines großen Verschleißes an der Reitstockspitze geltend. Die neuen Hochleistungsdrehbänke werden daher, wie bereits erwähnt, teilweise schon mit umlaufenden Reitstockspitzen versehen, die unmittelbar mit Kugellagerung in die Reitstockpinole eingebaut werden. Damit ist der Nachteil beseitigt. Wenn sonst bei den alten Drehbankkonstruktionen der Verschleiß zu groß wird, schafft man für den Reitstock besondere umlaufende Körnerspitzen an. Sie werden aber immer mehr oder weniger gegenüber den unmittelbar in die Pinole eingebauten Spitzen ein Notbehelf bleiben, da sie nicht starr genug auszuführen sind. Die Lagerung selbst ist bei den zahlreich auf den Markt gebrachten umlaufenden Spit-

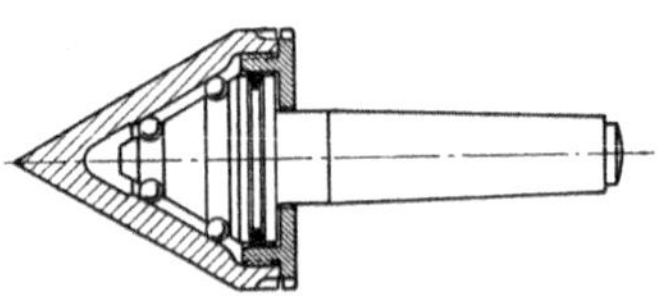

Abb. 32.

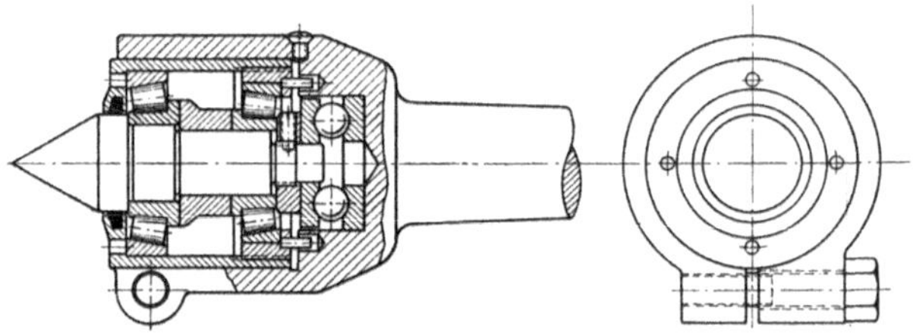

Abb. 33.

Umlaufende Körnerspitzen.

zen wohl meistens so sorgfältig durchgebildet, daß sie allen Anforderungen genügt. Abb. 32 zeigt eine einfache Konstruktion, Abb. 33 eine mit nachstellbaren Schrägrollenlagern, die eine längere Lebensdauer haben dürfte.

Während beim Drehen gewöhnlicher Wellen der Verschleiß in den Zentrierkörnern am Werkstück selbst nicht beachtet zu werden braucht, muß er doch in besonderen Fällen der Arbeitsgenauigkeit halber verhütet werden. Allein aus diesem Grunde müssen dann umlaufende Reitstockspitzen verwendet werden. Das ist hauptsächlich der Fall beim Drehen exzentrischer Wellen mit einer genau bestimmten Exzentrizität. Sind die die Exzentrizität der Wellen bestimmenden Körner auch genauestens angerissen und angebohrt, so behalten sie doch keineswegs den genauen Abstand beim Drehen zwischen gewöhnlichen Körnerspitzen bei. Infolge der ungleichmäßigen, einseitigen Schnittkräfte beim Abschruppen des überschüssigen Werkstoffes am Exzenter wird die Körneranlagefläche auch einseitig abgenutzt und der Abstand der Körner voneinander verringert (Abb. 34). Die Körner müssen dann wieder zurückgeschabt werden, eine zeitraubende Arbeit, die durch Benutzung der umlaufenden Spitze gänzlich vermieden werden kann.

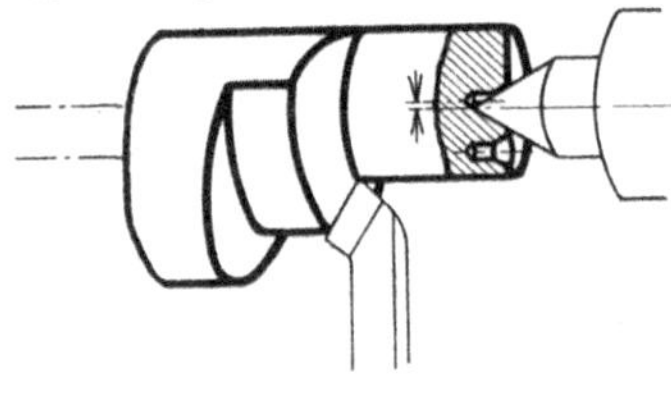

Abb. 34. Einseitiger Verschleiß beim Drehen mit fester Körnerspitze.

Auch dann ist die Verwendung von umlaufenden Spitzen unerläßlich, wenn zur Aufnahme des Werkstückes an Stelle der Zentrierkörner eine fertige Bohrung verwendet werden muß, deren Lochränder nicht beschädigt werden dürfen (Abb. 35).

9. Umlaufende Zentrierscheiben. Hohlzylinder, die nicht ohne weiteres zwischen

Körnerspitzen aufgenommen werden können, bereitet man in der Regel dadurch vor, daß man an beiden Enden Scheiben mit Zentrierkörnern einsetzt (Abb. 36). Praktischer ist es jedoch, wenn man mit der Maschine fest verbundene umlaufende Zentrierscheiben verwendet, die man, wie es der jeweilige Zweck erfordert, am Umfange entweder mit einem Ansatz oder Kegel versieht. Man kann die normalen umlaufenden Reitstockspitzen durch eine kleine Umänderung so ausbilden, daß man Zentrierscheiben verschiedener Art und Größe schnell mit ihnen verbinden kann (Abb. 37÷41).

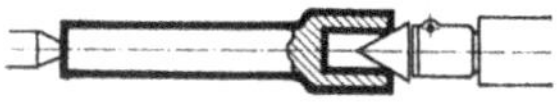

Abb. 35. Anwendungsbeispiel für umlaufende Körnerspitze.

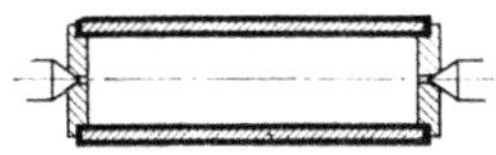

Abb. 36. Gewöhnliche Aufnahme von Hohlzylindern zwischen Körnerspitzen.

Zum Rundschleifen eignen sich obige Konstruktionen jedoch nicht, sofern die Kugellagerung nicht nachstellbar ist; denn beim Schleifen ist auch nicht das geringste Spiel in der Lagerung zulässig, das bei den Kugellagern bei längerem

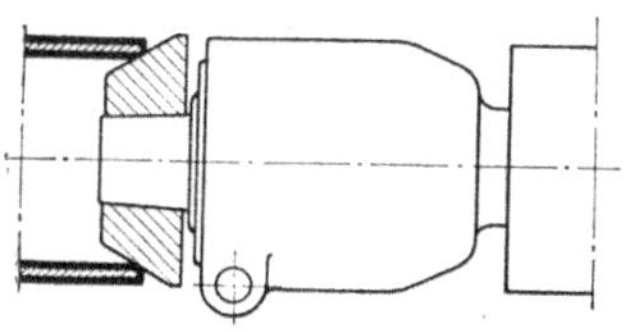

Abb. 37.

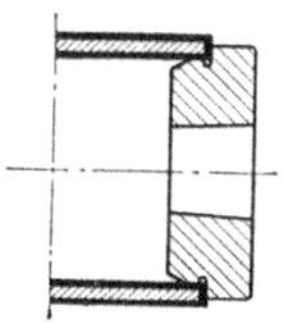

Abb. 38.

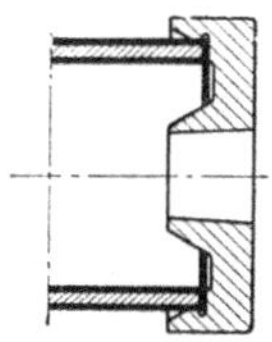

Abb. 39.

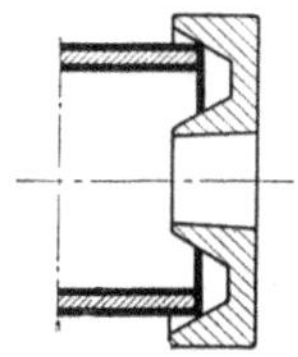

Abb. 40.

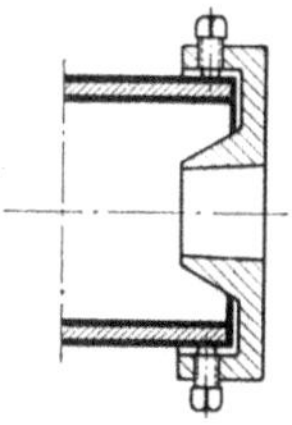

Abb. 41.

Aufnahme von Hohlzylindern auf umlaufendem Futter.

Gebrauch kaum vermeidbar ist. Eine vollständig spielfreie Aufnahme des Werkstückes zum Schleifen gewährleistet aber die Spitzenlagerung; darum ist es richtig, sie auch bei den umlaufenden Zentrierscheiben für Schleifmaschinen anzuwenden. Eine derartige gut bewährte Ausführungsform zeigt Abb. 42. Ein etwaiges Spiel in dem mitverwendeten Querkugellager ist ohne jeden Einfluß auf die spielfreie Aufnahme des Werkstückes. Damit die auswechselbaren Zentrierscheiben vollständig schlagfrei laufen, müssen sie unter Spannung fertiggeschliffen werden, Abb. 43. Zu dem Zweck wird die kleine Senkschraube aus der Körnerbuchse entfernt für die Aufnahme eines Spanndornes. Unmittelbar die gegenüberliegende Spitze hineinzudrücken, ist nicht ratsam, da möglicherweise die beiden Spitzen nicht genau miteinander fluchten könnten. Der zwischengeschaltete Spanndorn verhütet für alle Fälle eine schädliche Beeinflussung der Lagerung beim Schleifen.

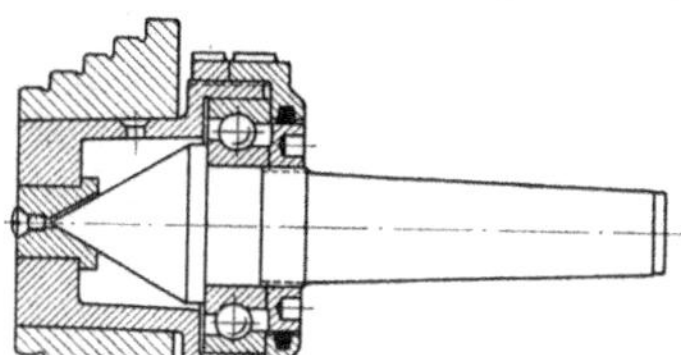

Abb. 42.

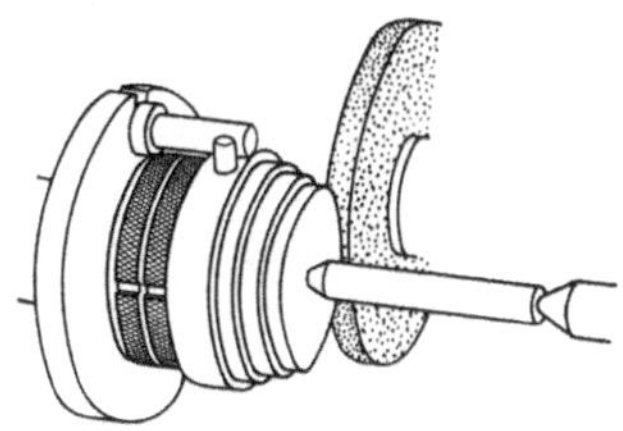

Abb. 43.

Umlaufendes Aufnahmefutter für Rundschleifmaschine.

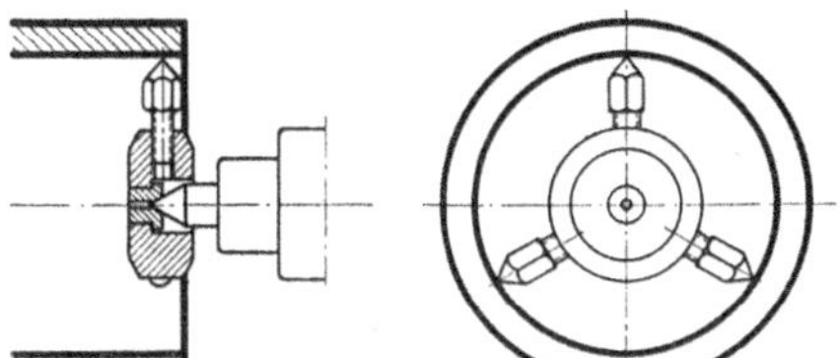

Abb. 44. Gewöhnliche Aufnahme von Hohlzylindern auf Zentrierstern.

10. Zentriersterne und Futter. Die vorher besprochenen Zentrierscheiben eignen sich für die Aufnahme solcher Hohlzylinder, die entweder innen fertig bearbeitet sind oder innen überhaupt roh bleiben und trotzdem möglichst schlagfrei laufen müssen. Soll der Hohlzylinder aber ohne Rücksicht auf die Bohrung so aufgenommen werden, daß er außen läuft, so können nur verstellbare Zentriermittel angewendet werden.

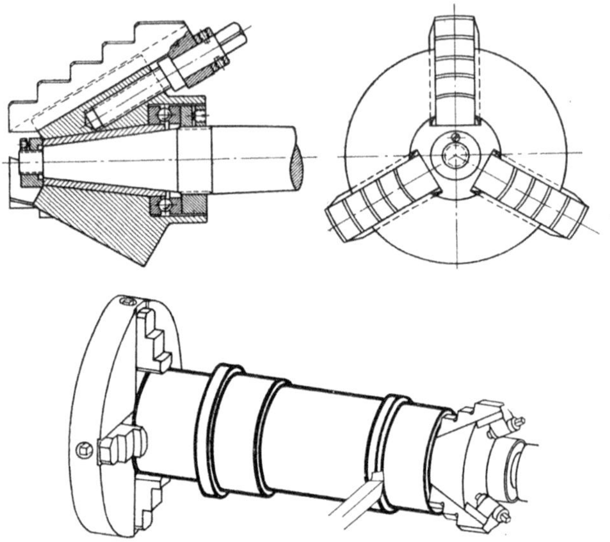

Abb. 45 und 46. Verstellbares Reitstockfutter.

Zuerst wäre der für diese Zwecke allgemein gebräuchliche Zentrierstern (Abb. 44) zu erwähnen. Er wird vorher, also vor dem Aufspannen, in der Bohrung des Werkstückes durch die am Kopf mit stumpfem Körner versehenen Sternschrauben befestigt. Erst nach dem Aufspannen wird das Werkstück dann durch Verstellen der Schrauben ausgerichtet. Diese Arbeit ist recht zeitraubend, da es häufig vorkommt, daß der Stern dabei wieder herausfällt und mit der Arbeit von neuem angefangen werden muß. Besondere Schwierigkeiten macht das bei kleinen Durchmessern. Weit besser geeignet ist das weniger bekannte verstellbare Reitstockfutter Abb. 45: Drei stufenförmige Spannbacken können einzeln durch Schrauben verstellt werden. Das Gleitlager kann natürlich auch durch Kugellager ersetzt werden. Abb. 46 zeigt einen aufgespannten Hohlzylinder: ein Ende von der Planscheibe und das andere von dem Reitstockfutter aufgenommen. Das Futter bleibt beim Umspannen der Werkstücke natürlich im Reitstock sitzen. Für größere Durchmesser sind die im Reitstock ebenfalls festsitzenden Reitstocksterne Abb. 47 geeignet, die nach oben einen unbegrenzten Spannbereich haben, da man die Schrauben gegen beliebig lange auswechseln kann. Abb. 48 zeigt ein damit aufgespanntes Werkstück. Das Reitstockfutter ist so konstruiert, daß man an Stelle des Sternes mit den Schrauben auch die Zentrierelemente Abb. 37 bis 41 verwenden kann.

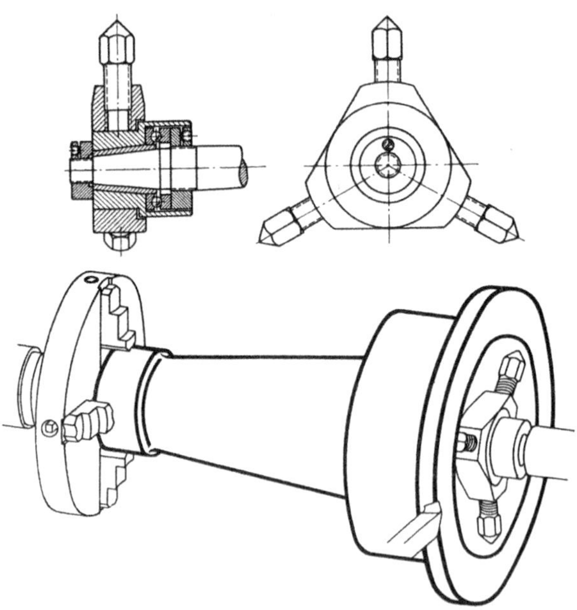

Abb. 47 und 48. Umlaufender Reitstockstern.

11. Mitnehmerspitzen. Nicht immer ist es möglich oder auch aus wirtschaftlichen Gründen zulässig, an der abzudrehenden Welle oder dem Hohlzylinder zur

Übertragung der Drehmomente den üblichen Mitnehmer zu befestigen. Auf Stehbolzen z. B., auf die man ein durchgehendes Gewinde schneiden muß, kann man kein Drehherz aufspannen. In solchen Fällen verwendet man mit bestem Erfolg dreikantige Mitnehmerspitzen (Abb. 49). Das Werkstück wird am Mitnehmerende zunächst mit einem Zentrierloch versehen, und dieses mit einem dreikantigen Körner vertieft. Zur Übertragung größerer Momente reicht diese Dreikantmitnahme jedoch nicht aus; sie kommt lediglich für kleine Durchmesser in Frage. Kann man bei einem größeren Durchmesser nicht irgendwie einen Mitnehmer befestigen, z. B. bei flachen Scheiben, die rund gedreht werden sollen, so kann man folgendes tun: Auf die Drehbankspindel wird ein Mitnehmerfutter geschraubt mit drei unter 90° geschliffenen Körnerspitzen, die gleiche Teilung und gleichen Abstand von der Mitte haben (Abb. 50). Das Werkstück wird für die Aufnahme entsprechend vorbereitet, indem drei Körner hineingeschlagen werden, entweder mit einem Sonderwerkzeug oder nach Vorriß mit einem gewöhnlichen Körner. Im Reitstock verwendet man dabei eine umlaufende abgestumpfte Spitze (Abb. 51).

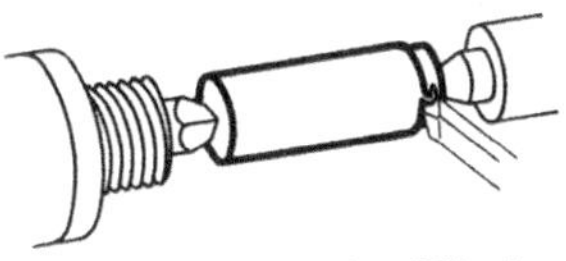

Abb. 49. Dreikantige Mitnehmerspitze.

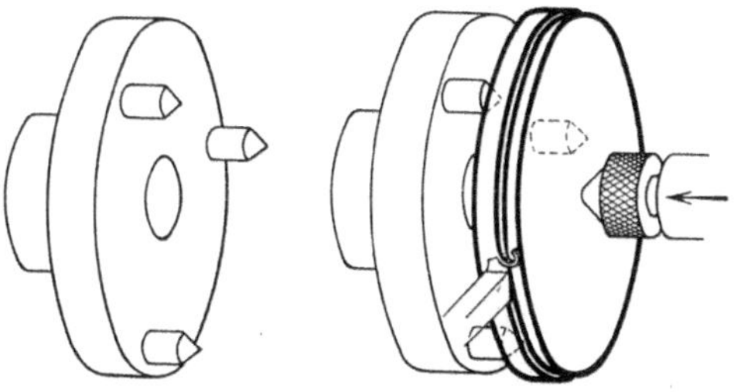

Abb. 50. Abb. 51.
Dreikörnermitnehmerfutter.

12. Verzahnte Mitnehmerkegel. Aus den gleichen Gründen wie die Dreikantmitnehmerspitzen wendet man auch verzahnte Mitnehmerkegel an. Sie eignen sich besonders gut zum Aufspannen von Hohlzylindern, die nach der rohen Bohrung zentriert und außen in einem Zuge überdreht werden müssen. Die Kegel werden so verzahnt, daß sie sich wohl in den Werkstoff eingraben, aber ihn nicht zerspanen können (Abb. 52). Wenn die Mitnahme besonders wirksam sein soll, muß die Reitstockspitze elastisch zugespannt werden. Da die Drehbankreitstöcke aber durchweg eine starre Zuspannung haben, so wird man im allgemeinen gezwungen sein, beim Arbeiten mit großen Schnittkräften die Reitstockspitze dauernd von Hand nachzustellen. Das ist jedoch sehr lästig und auch nicht zuverlässig, so daß es sich empfiehlt, wenn derartige Arbeiten oft oder gar laufend auszuführen sind, einen Reitstock mit elastischer Spannung anzuschaffen, wie sie z. B. an Sondervielstahlbänken verwendet werden. Abb. 53 zeigt eine derartige Anordnung: die Reitstockpinole wird unmittelbar durch einen Preßluftkolben bewegt. Schnelligkeit beim Auf- und Abspannen und größte Sicherheit im Betriebe sind die unbestrittenen großen Vorteile solcher Anordnung.

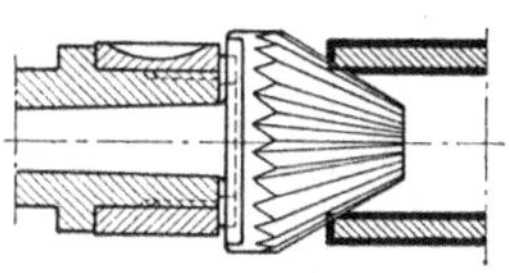

Abb. 52. Verzahnter Mitnehmerkegel.

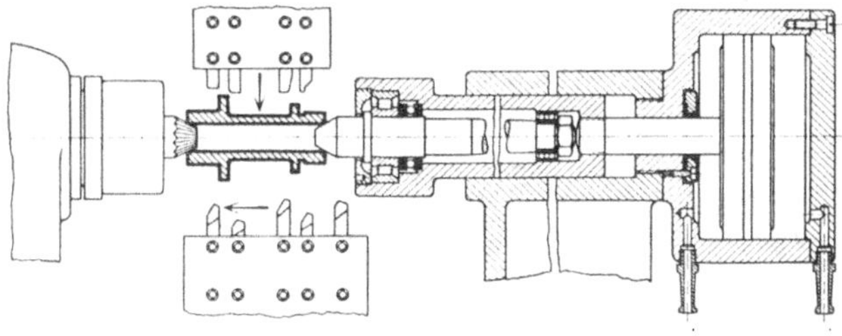

Abb. 53. Aufnahme eines Werkstückes durch verzahnten Mitnehmerkegel und elastisch spannenden Reitstock.

13. Mitnehmerfutter. Zur Übertragung sehr großer Verdrehungskräfte bei starken Wellen verwendet man in Großdrehereien die Planscheibe, deren Kloben das Wellenende fest umfassen. Beim Spannen muß dabei beachtet werden, daß das Wellenende nicht aus seiner zentrischen Lage, also aus der Spindelspitze, herausgedrückt wird. Während diese kräftige Klobenspannung früher nur bei starken Wellen erforderlich war, bei kleineren Wellen die Drehherzen genügten, so ist das nicht mehr der Fall beim Arbeiten mit Vielstahlbänken in der Reihen- oder Massenfertigung. Es werden hier auch bei kleinen Wellendurchmessern besondere Mitnehmerfutter notwendig, die schnell bedient werden können und zuverlässig spannen. Abb. 54 zeigt zunächst ein derartiges Futter für Handbetätigung im Betriebe. Zur zentrischen Aufnahme der Welle dienen wie gewöhnlich die beiden Spitzen. Die Backen des Futters werden von einer Spannschraube gleichzeitig bewegt, sind aber so angeordnet, daß sie sich stets mit gleichem Druck gegen das Werkstück legen, auch wenn dieses roh und daher unrund und exzentrisch ist. Es ist daher ganz unmöglich, daß das Wellenende aus seiner zentrischen Lage ge-

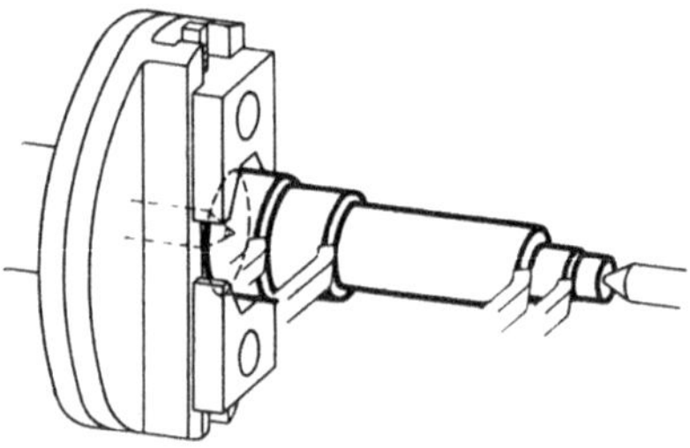

Abb. 54.

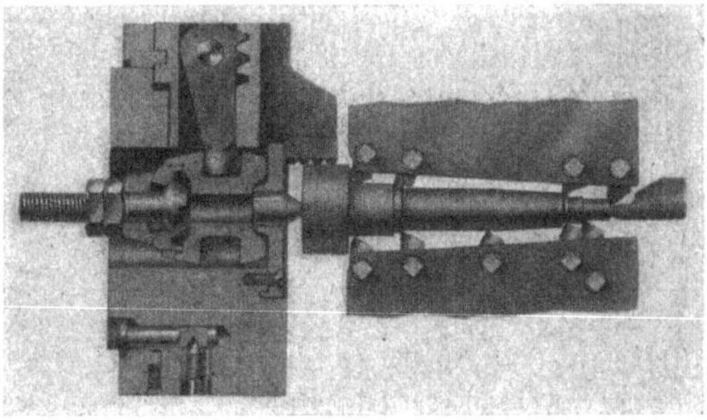

Abb. 55.

Mitnehmerfutter.

drängt wird. Beim Einstellen des Futters auf einen bestimmten Wellendurchmesser müssen beide Backen einzeln zentrisch eingestellt werden. Abb. 55 zeigt noch ein Mitnehmerfutter für Preßluftbetrieb in Anwendung. Das ist dem Handfutter natürlich weit überlegen, da es viel schneller und anstrengungsloser zu bedienen ist. Die Konstruktion ist ähnlich wie die der Preßluftspannfutter, die später noch besprochen werden.

B. Spannen bei fliegender Bearbeitung.

Unter fliegender Bearbeitung versteht man die Bearbeitung eines Werkstückes im Futter allein ohne den Reitstock. Die Spannmittel dazu sind sehr verschieden in Art und Wirkung.

14. Schraubenfutter. Abb. 56 ist das Schraubenfutter im Betriebe, das nur selten benötigt wird, aber doch an keiner Drehbank entbehrlich ist. Es dient zum Spannen von gegossenen Knüppeln zur Herstellung von Buchsen und Scheiben. Die Bedienung der acht Spannschrauben ist recht umständlich, die Spannung aber durchaus sicher.

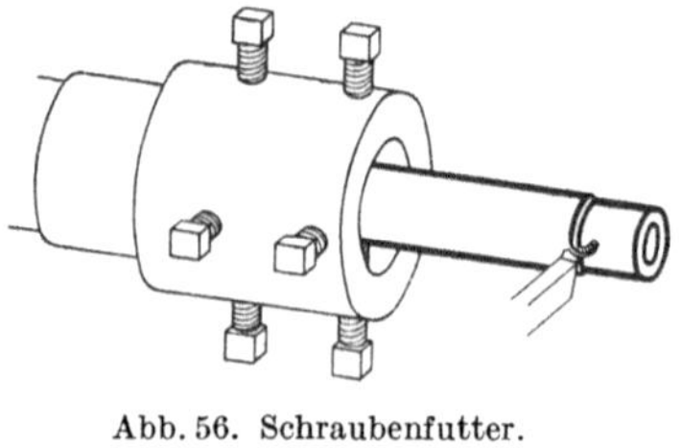

Abb. 56. Schraubenfutter.

15. Planscheibe. Sie ist allgemein das gebräuchlichste Spannmittel für die fliegende Bearbeitung; denn es kann mit ihr schlechtweg jedes Werkstück aufgespannt werden, sofern es der Größe nach im Spannbereich liegt. So war sie denn auch früher außer dem Schraubenfutter das alleinige Spannmittel für die fliegende Bearbeitung. Heute wird sie jedoch nur noch zum Spannen roher oder unregelmäßig geformter Werkstücke im allgemeinen Maschinenbau verwendet, dagegen in der Vielfertigung kaum noch, sondern hier durch die weit wirtschaftlicheren Sonderspannvorrichtungen ersetzt. In der Regel wird nur mit den vier Spannkloben gespannt; in Sonderfällen setzt man aber auch noch Spanneisen auf und benutzt als Schraubenhalt die dafür vorgesehenen Schlitze der Scheibe, Abb. 57. Die Spannung nur durch die vier Kloben allein wäre bei dem langausladenden Gußzylinder durchaus unzureichend, zumal er bei der starren Spannung als elastischer Hohlkörper allmählich unter dem Klobendruck nachgäbe. So aber sitzt er unverrückbar fest.

16. Zweibackenfutter. Sie gehören meist zu der Gruppe der selbstzentrierenden Spannmittel, die einen großen Raum unter den Spannmitteln überhaupt einnehmen. Die beiden Backen des Futters werden gleichmäßig und zentrisch bewegt. Sie sind bei den gebräuchlichsten Konstruktionen so eingerichtet, daß man die normalen mit Prismen versehenen gehärteten Backeneinsätze gegen allerlei Sonderbackeneinsätze auswechseln kann. Abb. 58 zeigt ein Futter, das zum

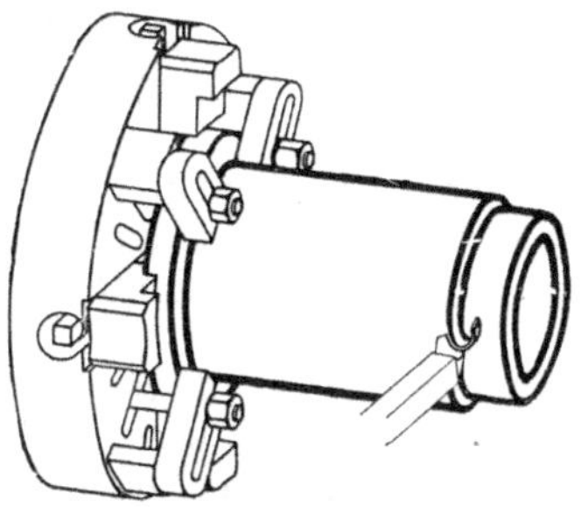

Abb. 57. Planscheibenspannung mit zusätzlicher Hilfsspannung.

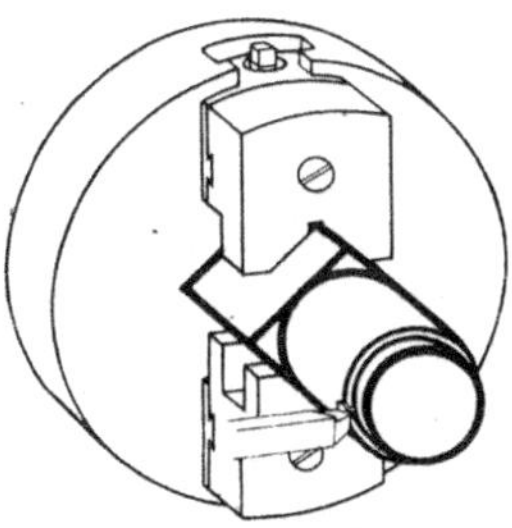

Abb. 58.

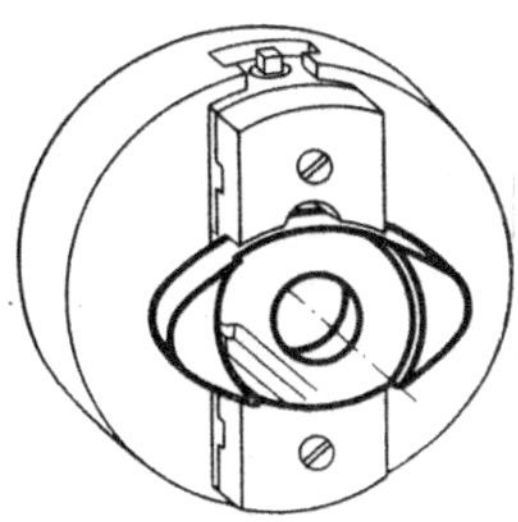

Abb. 59.

Zweibackenfutter.

Spannen roher Knüppel und Wellenstümpfe vierkantigen und runden Querschnittes eingerichtet ist. Die Konstruktion der Backen (eine gabelförmige breite Unterbacke und eine schmale Oberbacke) gewährleistet dem rohen Werkstück einen durchaus sicheren Halt, was bei zwei gleichen Backen nur bedingt der Fall wäre. Wohl könnte man mit zwei prismatischen Backen gleicher Form einen Rohling fest genug einspannen, um das Drehmoment zu übertragen, aber kaum jemals so starr, daß er seine Lage beim Drehen beibehielte. Abb. 59 ist das gleiche Futter, eingerichtet zum Drehen ovaler Flanschen.

Neben dieser allgemein gebräuchlichen Konstruktion gibt es zahlreiche Konstruktionen für bestimmte Sonderzwecke.

17. Dreibackenfutter. Sie dienen hauptsächlich zum zentrischen Einspannen von Rundkörpern. In der Regel werden diese Futter auch nur zum zentrischen Spannen hergestellt, so daß man sämtliche Backen nur gleichzeitig bewegen kann. Will man ausnahmsweise Werkstücke auch exzentrisch spannen, so muß man mit entsprechenden Backenbeilagen arbeiten.

Außer den nur zentrisch spannenden Dreibackenfuttern werden auch noch Futter auf den Markt gebracht, deren Backen man nicht nur gleichmäßig von einer Spannstelle aus, sondern auch einzeln und unabhängig voneinander verstellen kann. Das geschieht in der Regel so, daß auf nur zentrisch beweglichen sogenannten Grundbacken noch ein zweiter Satz Backen angeordnet ist, bei dem jede Backe einzeln gegenüber ihrer Grundbacke verstellbar ist. Man kann mit diesen Futtern also auch Exzenter ohne Backenbeilage spannen. Bei zentrischen

Spannungen haben diese Futter auch den Vorteil, daß man die Backen auf bestimmte Zentrierdurchmesser genauestens zentrierend einregulieren kann.

Die gewöhnlichen Dreibackenfutter werden in der Regel mit 2 Satz gehärteten Backen geliefert, von denen der eine nach außen, der andere nach innen abgestuft ist. Für Sonderzwecke werden auf Wunsch auch weiche Backen mitgeliefert, in die man eine beliebige Werkstückform eindrehen kann. Endlich werden die Futter aber auch mit zweiteiligen Backen hergestellt. Auf den Grundbacken werden entweder die normalen Backen aufgeschraubt, oder aber beliebige Sonderbacken, wie in Abb. 60 ÷ 63. Abb. 60 zeigt die Aufnahme eines Kegelrades

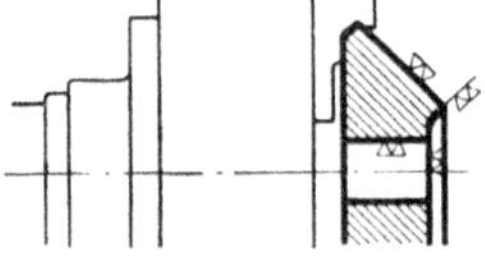
Abb. 60.

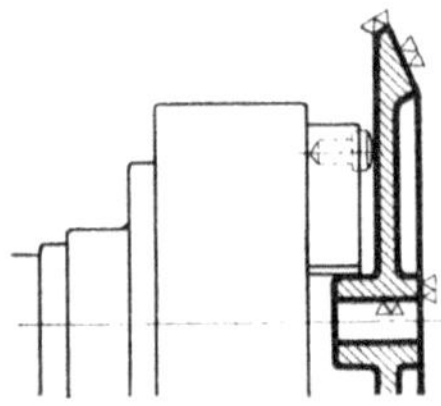
Abb. 61.

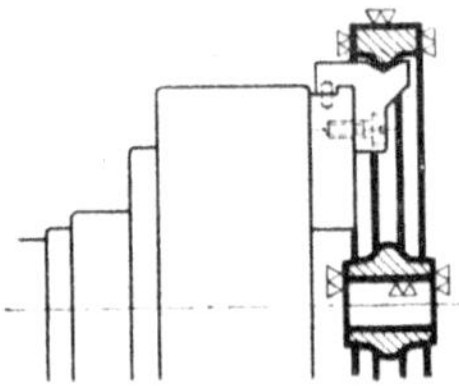
Abb. 62.

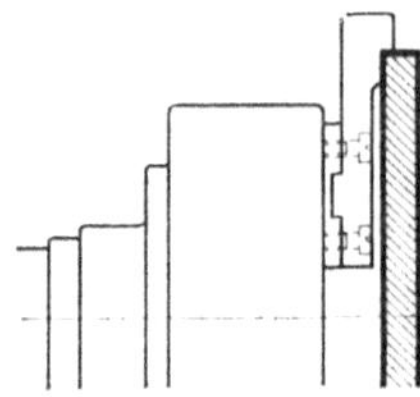
Abb. 63.

Sonderaufnahmen im Dreibackenfutter.

In Abb. 61 ist ein Kegelrad an der Nabe eingespannt, wobei an den Spannkloben besondere Anlagestifte vorgesehen sind. Abb. 62 zeigt die Innenspannung eines Radkörpers und in Abb. 63 ist der Spannbereich des Futters durch die aufgeschraubten Sonderbacken vergrößert worden.

Im übrigen ist die Konstruktion der Futter recht verschieden, denn man ist ständig bemüht gewesen, die Zentrierfähigkeit, die kaum jemals voll befriedigt, zu verbessern, oder auch die Spannfähigkeit zu erhöhen. Da die gewöhnlichen Konstruktionen nur solange einigermaßen genau zentrieren, wie sie in normalen Grenzen beansprucht werden, so hat es nicht an Versuchen gefehlt, Konstruktionen zu schaffen, die bei einer besonders hohen Beanspruchung dauernd eine hohe Zentrierfähigkeit behalten. Trotzdem wird es bei Beschaffung der Futter vorteilhafter sein, auf die besondere Verwendungsart Rücksicht zu nehmen und entweder Futter mit hoher Spannfähigkeit, sogenannte Kraftspannfutter, oder solche mit hoher Zentriergenauigkeit, aber nur für eine mäßige Beanspruchung, zu wählen.

a) Gewöhnliche Futterkonstruktionen. Meist werden die Backen durch ein Plangewinde bewegt. Diese Lösung ist wohl die einfachste, aber sie ist nicht einwandfrei. Der Krümmungshalbmesser des Schneckengewindes ist nicht gleichmäßig, sondern er wird naturgemäß nach außen hin größer. Würden die Gewindegänge der Banken ebenso ausgeführt werden, so könnten sie nur an einer bestimmten Stelle mit der Planschnecke in Eingriff gebracht, aber nicht verstellt werden. Die Gewindegänge der Backen müssen daher, wie bekannt, sichelförmig gearbeitet werden, so daß der innere Krümmungshalbmesser des Backengewindes dem größten Halbmesser des in Frage kommenden Ganges des Plangewindes und umgekehrt, der äußere Halbmesser des Backengewindes dem kleinsten des Plangewindes entspricht. Das Plangewinde trägt also in den ungünstigsten Stellungen theoretisch nur auf Linien, und nur in den günstigsten Stellungen auf der ganzen Fläche. Bei einer kräftigen Beanspruchung der Futter ist ein baldiger Verschleiß des Plangewindes nicht zu vermeiden und sie zentrieren dann nicht mehr genau genug.

b) Futter mit Exzenterantrieb (Abb. 64 u. 65) an diesem Futter ist das wenig befriedigende Plangewinde vermieden. Die Backen werden hier durch eine Scheibe mit kreisbogenförmigen Exzenternuten bewegt, in denen sie mittels beweglicher Steine gleiten. Infolge der kreisbogenförmigen Nuten liegen die Steine immer mit der gleichen großen Fläche auf, wie sie bei dem Plangewinde auch nicht im entferntesten erzielt werden kann. Dementsprechend ist auch der Verschleiß gering. In den Betrieben, in denen solche Futter eingeführt sind, wird ihnen auch eine hohe Zentrierfähigkeit zuerkannt. Nachteilig ist nur der geringe Spannbereich, der erst durch Umsetzen der Backen erweitert werden muß.

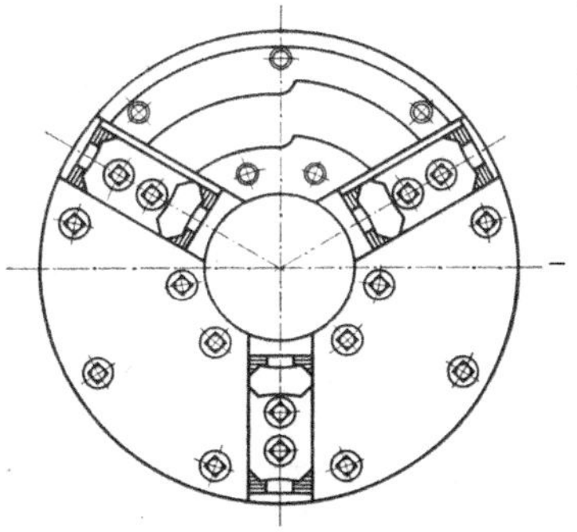

Abb. 64.

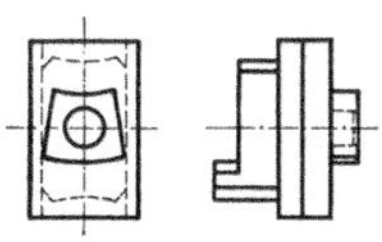

Abb. 65.

Abb. 64 und 65. Dreibackenfutter mit Exzenterantrieb.

c) Kraftspannfutter. Die Backen werden hierbei durch eine Kegelschnecke mit Spitzgewinde bewegt (Abb. 66). Zwar treten auch hier die den Planschnecken anhaftenden Mängel auf. Die geringere Steigung und die größere Widerstandsfähigkeit des Gewindes gestatten aber, bedeutend kräftiger zu spannen. Die Futter eignen sich also besonders gut für schwere Schrupparbeiten. Infolge der zweckmäßigen Anordnung werden Futterkörper und Backen so günstig beansprucht, daß sie trotz größerer Belastung eine längere Lebensdauer als die Planschneckenfutter haben.

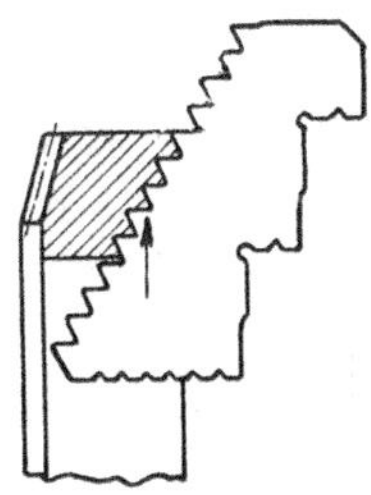

Abb. 66.

d) Futter mit Keilzahnstangenantrieb. Ein ganz neuer Weg ist bei der Konstruktion des Forkardt-Zentrierfutters beschritten worden, das vor einigen Jahren auf dem Markt erschienen ist. Die drei Backen werden je durch eine, mit einem Zahnkranz in Verbindung stehende Keilzahnstange bewegt (Abb. 67). Die großen Berührungsflächen der Zahnstangen mit den Backen gewährleisten auch bei kräftigstem Spannen dauernd eine hohe Zentrierfähigkeit. Das Futter dürfte zweifellos allen andern Konstruktionen weit überlegen sein. Um den einer allgemeineren Verbreitung der Futter im Wege stehenden hohen Preis zu rechtfertigen, muß noch auf eine Besonderheit der Konstruktion eingegangen werden: Während bei dem gewöhnlichen Planschneckenfutter alle drei Backen unmittelbar von dem gleichen Organ, der Planschnecke, bewegt werden, wird bei dem Forkardtfutter unmittelbar nur eine Spannbacke von einer Keilzahnstange *a* bewegt; die beiden andern Backen werden erst durch Vermittlung des Zahnkranzes *b* mitbewegt, mit dem alle drei Zahnstangen in Verbindung stehen. Das geringste Spiel schon der Zahnstangen in den Zahnkranzzähnen würde eine Verzögerung in der Bewegung der beiden mittelbar angetriebenen Backen und im gleichen Maße eine Verschlechterung der Zentrierfähigkeit zur Folge haben. Eine ähnliche ungünstige Wirkung würde auch bei etwaigen Teilungsfehlern des Zahnkranzes eintreten. Bedingung für die hohe Zentrierfähigkeit ist also, daß alle

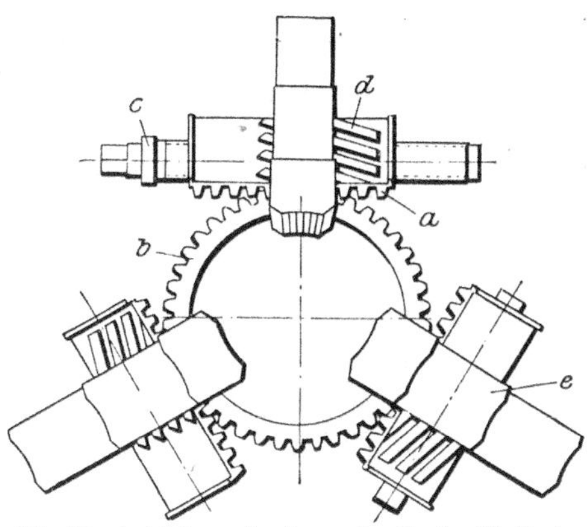

Abb. 67. Antriebsmechanismus der Fockardtkeilzahnstangenfutter.

beweglichen Teile des Futters mit der größtmöglichen Genauigkeit hergestellt werden. Daher der höhere Preis.

18. Vierbackenfutter (Abb. 68 u. 69). Die Futter werden in der Regel so hergestellt, daß man je zwei gegenüberliegende Backen gleichzeitig und gleichmäßig verstellen kann. Man kann also mit ihnen nicht nur runde, sondern auch elliptische und vieleckige Körper mit gerader Seitenzahl ohne weiteres zentrisch spannen. Das ist ein wesentlicher Vorteil gegenüber den Dreibackenfuttern. Außerdem sind die Futter aber auch wohl meistens so eingerichtet, daß man jede Backe einzeln und unabhängig von den zentrisch spannenden Backenpaaren verstellen kann.

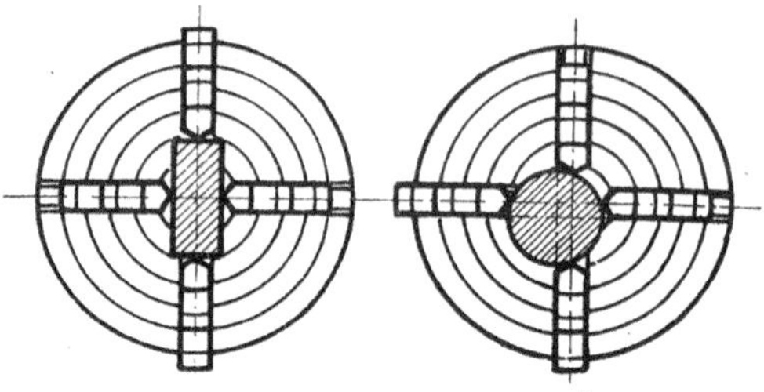

Abb. 68. Abb. 69.
Verwendungsmöglichkeiten des unabhängigen Vierbackenfutters.

19. Preßluftfutter. Alle bisher besprochenen Spannfutter werden von Hand angezogen. Ihre Spannfähigkeit hängt zuletzt also auch davon ab, mit welchem Kraftaufwand sie gespannt werden. Schwächere Futter können daher sehr leicht überbeansprucht und vorzeitig verdorben, kräftige nicht genügend ausgenutzt werden. Dieser Nachteil ist bei den Preßluftfuttern von vornherein ausgeschaltet, denn ihr Spanndruck hängt lediglich von der Preßluftspannung ab und bleibt daher stets gleich. Weitere Vorzüge sind: elastischer Druck und Spannen ohne körperlichen Kraftaufwand. Die Preßluftfutter können daher in ihrer Art als das vollkommenste Spannmittel bezeichnet werden. Wenn sie trotzdem recht wenig verbreitet und in vielen Werkstätten noch unbekannt sind, so ist das wohl darauf zurückzuführen, daß die zuerst auf dem Markt erschienenen Konstruktionen amerikanischen Ursprunges waren und sich nach ihrer Form weniger für den allgemeinen Gebrauch als für die Vielfertigung eigneten. Heute sind jedoch ausgezeichnete deutsche Konstruktionen käuflich, die nicht nur für die Vielfertigung, sondern auch im allgemeinen Maschinenbau für jegliche Verwendung bestens geeignet sind.

Abb. 70. Allgemeine Anordnung eines Preßluftfutters.

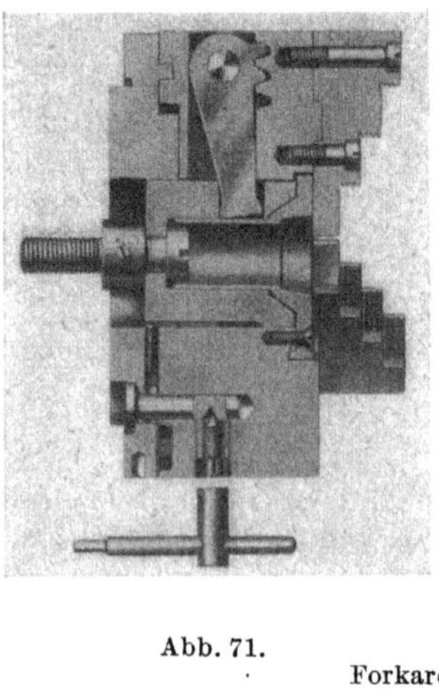

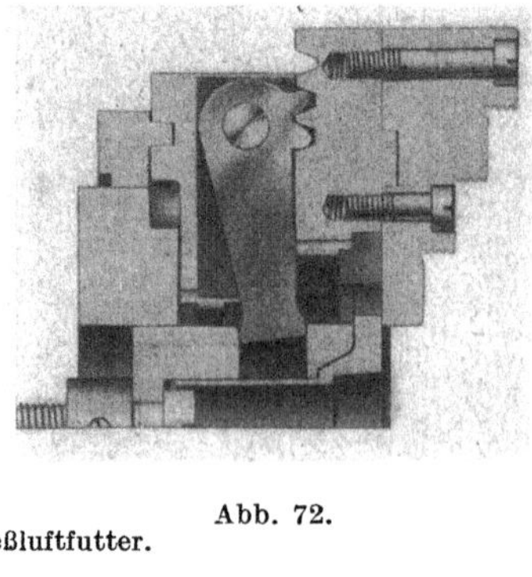

Abb. 71. Abb. 72.
Forkardtpreßluftfutter.

Abb. 70 zeigt zunächst die allgemeine Anordnung eines Preßluftfutters auf einer Revolverdrehbank. Man unterscheidet danach am vorderen Ende der Spindel das eigentliche Spannfutter und am hinteren Ende den Preßluftzylinder als Kraftquelle. Spannfutter und Zylinder sind durch Kolbenstange miteinander verbunden.

Abb. 71 ist ein Schnitt durch ein Futter, das auch für Einzelherstellung bestens geeignet ist, denn die Backen lassen sich ohne weiteres stufenlos für jeden Werkstückdurchmesser innerhalb des größten Spannbereichs des Futters von Hand verstellen. Das wird dadurch erreicht, daß die Hebellager nicht starr mit dem Futterkörper verbunden sind, sondern mit einem Kurvenring in Eingriff stehen, der drehbar mit dem Futterkörper verbunden ist. Durch Verdrehung des Kurvenringes von Hand werden gleichzeitig die Hebellager und damit auch die Spannbacken zentrisch verstellt und zwar um das Tiefenmaß der Kolbenausschnitte für die Aufnahme der Hebelenden. In Abb. 72 ist die äußerste Lage dieser Verstellbarkeit dargestellt. Durch weiteres Verdrehen des Kurvenringes werden die Hebellager ganz freigegeben und können dann ohne weiteres herausgenommen werden. Danach kann nun der Winkelhebel in der Grundbacke um einen Zahn versetzt werden, so daß die Backen nach Wiedereinsetzen nochmals stufenlos mit Anschluß an die vorherige äußerste Verstellung um das gleiche Stück noch weiter herausgestellt werden können. Somit können die Backen insgesamt um eine ganze Stufenlänge verstellt und die einzelnen Stufen überbrückt werden. Diese Lösung muß als sehr glücklich bezeichnet werden, denn das Futter kann nicht nur fast augenblicklich für jeden Werkstückdurchmesser spannfertig gemacht werden, sondern es läßt sich auch sehr schnell in allen Teilen reinigen.

Abb. 73. Preßluftzweibackenfutter.

Die Preßluftfutter werden meistens als Dreibackenfutter ausgeführt. Abb. 73 zeigt jedoch, daß auch Zweibackenfutter vorkommen, und ebenso werden auch Vierbackenfutter ausgeführt.

20. Klobenlose Futter. Für solche Werkstücke, die mit höchster erreichbarer Genauigkeit herzustellen sind, genügen im Dauerbetrieb die selbstzentrierenden Klobenfutter nicht, denn sie haben infolge der zahlreichen beweglichen Konstruktionsteile eben auch viele Fehlerquellen. Wenn die Fehler bei den besseren Futtern auch nur immer sehr gering sein werden, so sind sie doch manchmal nicht mehr zulässig. Hat die Werkstatt eine größere Anzahl gleicher Werkstücke herzustellen, so handelt sie durchaus richtig, wenn sie sich für diesen Sonderfall ein sogenanntes Klemmfutter herstellt, etwa wie es Abb. 74 zeigt. Es besteht nur aus drei Teilen, dem Futterkörper *a*, dem Klemmring *b* und der Spannschraube *c*. Die große Einfachheit des Futters gewährleistet die höchste Zentriergenauigkeit, die mit einem Spannmittel überhaupt zu erreichen ist. Selbstverständlich ist es nur für sehr eng tolerierte Werkstücke verwendbar. Der Futterkörper muß einmal, möglichst genau über die Mitte, geschlitzt sein, da er sonst nicht gleichmäßig elastisch ist und nicht genau zentriert. Durch Einlegen von Ringen kann das Futter auch für andere Durchmesser verwendungsfähig gemacht werden. Für Rundkörper, die im Verhältnis zum Durchmesser sehr lang sind, eignen sich die Zentrierfutter mit den normalen schmalen Spannbacken überhaupt sehr schlecht, um so besser dagegen die klobenlosen Klemmfutter.

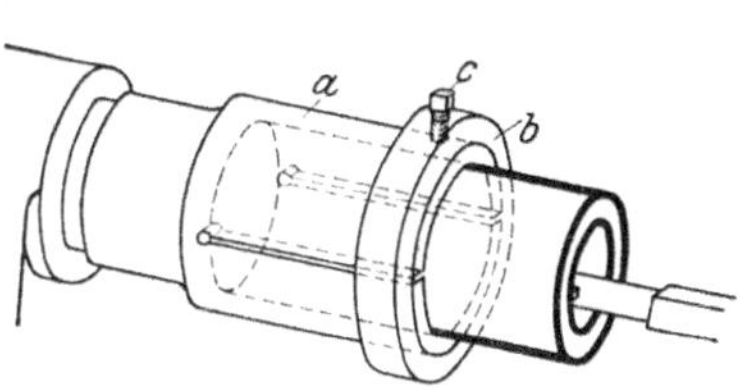

Abb. 74. Klobenloses Spannfutter.
a Futterkörper, *b* Klemmring, *c* Spannschraube.

21. Axialspannfutter. Bei allen bisher beschriebenen Futtern wird das Werkstück radial gespannt. Diese Spannungsart ist nicht immer möglich oder zweckmäßig. Es kommt dann nur die axiale Spannung in Frage, wobei das Werkstück entweder gegen eine glatte Fläche oder eine Fläche mit Zentrierung gespannt wird. Nur im ersten Falle ist es möglich, Futter für allgemeine Verwendung herzustellen. Sie spannen entweder elektromagnetisch (umlaufende Magnetfutter), oder durch den atmosphärischen Luftdruck (umlaufende Vakuumfutter). Vakuumfutter werden dem jeweiligen Verwendungszweck besonders angepaßt und werden, da sie nur für Nichteisenmetalle nötig sind, selten gebraucht. Mechanisch wirkende Axialspannfutter können nur als Sonderfutter angefertigt werden.

Allgemeiner verwendet man für Axialspannungen die Planscheibe, aus der man die Spannkloben entfernt. An ihrer Stelle nimmt man zum Spannen des Werkstückes Spanneisen, die mit Schrauben auf das Werkstück aufgesetzt werden. Die Schrauben werden von den dafür vorgesehenen Schlitzen der Planscheibe aufgenommen. Solche Verwendung der Planscheibe kann jedoch immer nur als Notbehelf angesehen werden, aus folgenden Gründen: Als Handelsware ist der Planscheibenkörper nicht besonders stark ausgebildet und er verzieht sich daher bald unter den verschiedenerlei Spanndrücken. Soll nun ein Werkstück vor der Planscheibe bearbeitet werden, d. h. gegen ihre Stirnfläche gespannt werden, so muß diese erst auf schlagfreien Lauf geprüft werden. In der Regel wird sie mehr oder weniger schlagen und erst nachgedreht werden müssen. Durch öfteres Nachdrehen wird der Planscheibenkörper immer mehr geschwächt und schließlich für den eigentlichen Zweck unbrauchbar. In gut geleiteten Werkstätten wird man für besondere Zwecke daher kräftig durchgebildete Futterscheiben verwenden, die sich unter normaler Beanspruchung nicht verziehen können (Abb. 75). Müssen sie dennoch einmal nachgerichtet werden, so schadet das weiter nicht. Der Starrheit halber hat der Futterkörper nicht wie die Planscheibe Schlitze für die Schrauben, sondern T-Nuten. Für die Aufnahme anderer Hilfsmittel, z. B. von Spannwinkeln für Winkelarbeiten, ist es zweckmäßig, die T-Nuten parallel verlaufen zu lassen. Zur zentrischen Aufnahme erhalten die Futterkörper Zentrierungen.

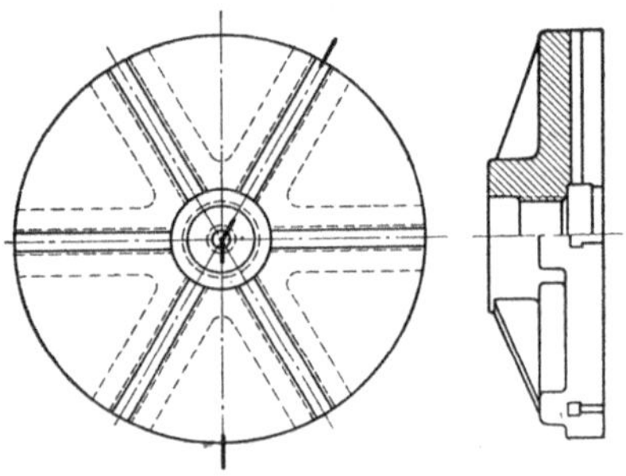

Abb. 75. Futterscheibe für Axialspannungen.

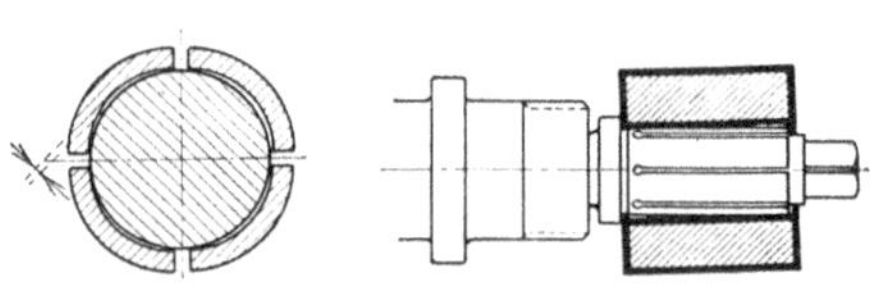

Abb. 76. Abb. 77.
Fliegender Spreizdorn.

22. Fliegende Dorne. Sie dienen zum zentrischen Aufspannen fertig gebohrter Rundkörper und sind praktischer als die Spitzendorne. Sie werden in der Regel nicht etwas kegelig als Treibdorne, sondern zylindrisch als Spreizdorne ausgeführt. Das Werkstück wird also von Hand hinaufgeschoben und dann festgespannt. Fliegende Dorne, besonders längere, zentrieren jedoch nicht so zuverlässig wie Spitzendorne und müssen daher öfters auf schlagfreien Lauf nachgeprüft und nachgerichtet werden. Spreizdorne können immer nur für eng tolerierte Bohrungen (*eB*, *B* und *sB*, keineswegs mehr für *gB*) verwendet werden. Größere Toleranzen würden den Dorn zu ungünstig beanspruchen und ihn bald unbrauchbar machen. Abb. 76 zeigt einen Schnitt durch einen übermäßig gespreizten Dorn. Die Bohrung des Dornes stimmt nicht mehr mit dem Treibkegel überein und die Wandungen müssen sich aufbiegen, ohne wieder ihre ursprüngliche Form nach dem Entspannen zu erhalten. Aber abgesehen davon ist auch eine genaue Zentrierung gar nicht möglich, denn man müßte den Treibkegel vorn etwas schwächer halten, das Spiel zwischen Bohrung und Kegel würde nach dem Festspannen (Spreizen) hinten gar nicht ausgefüllt werden, wie in Abb. 77, und das Werkstück würde taumeln und auch unter dem Arbeitsdruck nachgeben. Fliegende Dorne für grob tolerierte und auch rohe Bohrungen können nicht nach einem bestimmten Schema angefertigt werden, sondern sind für jeden Fall unter Berücksichtigung der jeweiligen Anforderungen vom Konstrukteur zu entwerfen, gehören also in das Gebiet des Vorrichtungsbaues (siehe Heft 35 Vorrichtungsbau, 2. Teil).

Bei schwächeren Spreizdornen wird der Treibkegel einfach mit dem Hammer hineingeschlagen und dadurch wieder gelöst, daß auf den Vierkant ein Schlüssel aufgesetzt wird: Ein kurzer Hammerschlag genügt, den Kegel zu lockern. Die Verjüngung des Kegels wird bei diesen Dornen etwa 1 : 20 gewählt. Als Treibkegel kann man aus Sparsamkeitsrücksichten auch die Schäfte abgebrochener Spiralbohrer verwenden, deren Kegel ja bekanntlich diese Verjüngung hat. Bei stärkeren Dornen über etwa 60 mm ist es vorteilhafter, den Treibkegel durch eine Schraube zu bewegen. Ist die Drehbankspindel durchbohrt, so wird der Treibkegel durch die Spindel hindurch bis zum andern Ende verlängert und dort durch eine Mutter angezogen. Zurückgetrieben wird der Kegel dann nach dem Lösen der Mutter mit dem Hammer. Will man das Zurückschlagen vermeiden, so muß der Kegel steiler ausgeführt werden, daß er die Selbsthemmung verliert und nach dem Lösen der Mutter allein zurücktritt. Die Verjüngung für den Spreizkegel beträgt dann etwa 1 : 5. Abb. 78 zeigt einen Spreizdorn für sehr große Bohrungen.

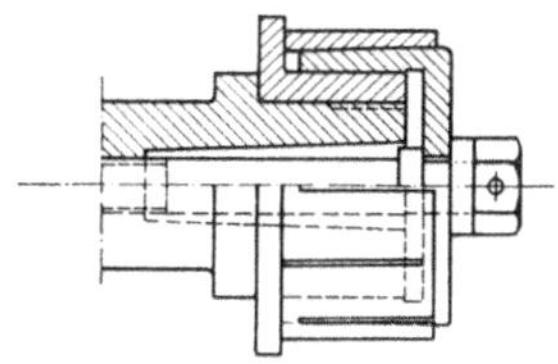

Abb. 78.

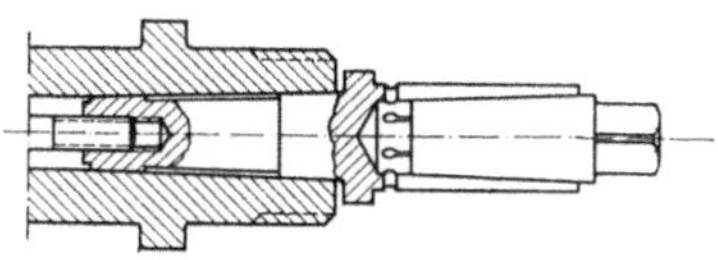

Abb. 79.

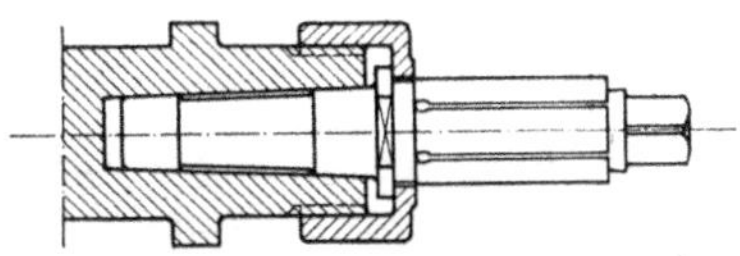

Abb. 80.

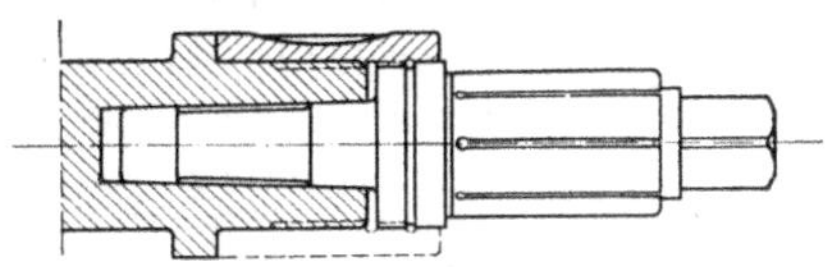

Abb. 81.

Abb. 79 bis 82. Fliegende Spreizdorne.

Die Dorne werden in der Maschine verschieden befestigt, je nach ihrer Stärke. Schwächere Dorne werden in die Kegelbohrung der Spindel an Stelle der Körnerspitze gesteckt und bei einer durchbohrten Spindel durch Schraube (Abb. 79) oder auch durch Überwurfmutter (Abb. 80) gehalten. Stärkere Dorne werden der größeren Festigkeit halber durch besondere Zwischenfutter mit der Maschine verbunden (Abb. 81). Noch stärkere Dorne werden unmittelbar auf die Drehbankspindel geschraubt, wie es bei der Abb. 78 geschehen ist.

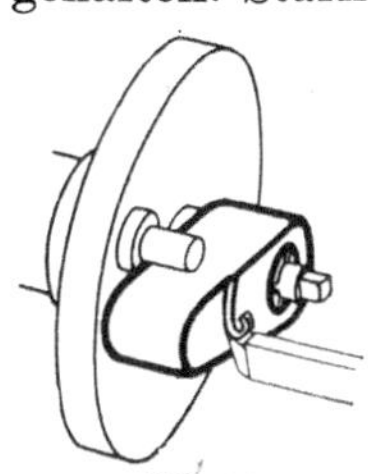

Abb. 82. Fliegender Spreizdorn.

Ist der Durchmesser des Werkstückes im Verhältnis zur Bohrung klein, z. B. bei dünnwandigen Buchsen, so genügt der Gleitwiderstand am gespreizten Dorn wohl in jedem Falle, das Drehmoment zu übertragen. Ist der Durchmesser aber im Verhältnis zur Bohrung sehr groß, z. B. bei Hebeln und Kurbeln, so ist es sehr zu empfehlen, zur Entlastung des Dornes einen besonderen Mitnehmer zu verwenden. Das ist zwar nicht immer, aber doch in vielen Fällen durchführbar. Ein Beispiel dafür zeigt Abb. 82.

Das Werkstück wird auf einem Spreizdorn seitlich abgeflächt und ist dazu so aufgespannt, daß es sich in der Verdrehungsrichtung gegen den normalen Drehbankmitnehmer legt.

23. Spannzangen. Die Spannzange (Spannpatrone) ist die Umkehrung des Spreizdornes und dient zum Spannen von Stangen, hauptsächlich blankgezogenen Rund-, Vierkant- und Sechskantstangen. Man verwendet Spannzangen daher vorzugsweise nur auf solchen Maschinen, auf denen von der Stange gearbeitet wird, also auf Revolverbänken und Automaten. Normung s. DIN 881—889.

An die Zentrierfähigkeit der Spannzangen darf man jedoch keine hohen Anforderungen stellen. Sie werden für eine genaue Zentrierung meist nicht sorgfältig genug hergestellt; auch ist ihre Wirkungsweise nicht einwandfrei. Das kommt daher, daß man sie meist für eine gröbere Werkstücktoleranz bemessen muß. Wegen der damit verbundenen größeren Verschiebung des Zangenkegels in dem Innengegenkegel müssen die einzelnen Segmente des Zangenkegels so nachgearbeitet werden, daß sie den Innenkegel theoretisch nur linear berühren, wie es in Abb. 83 übertrieben dargestellt ist. Da auch bei Erreichung der untersten Toleranzgrenze die runde Stange nicht die ganze Innenfläche der Spannzange berührt, so ist die Wahrscheinlichkeit für eine ungenaue Zentrierung noch größer. Spannzangen für größere Durchmesser kann man natürlich auch so durchbilden, daß sie recht hohen Genauigkeitsanforderungen genügen; sie können aber nur für Sonderzwecke in der Vielfertigung hergestellt werden. Man wird die Zangenspannung vorzugsweise aber bei grob tolerierten und rohen Werkstücken anwenden, also dann, wenn die Einspannstelle nicht unbedingt genau schlagfrei laufen muß.

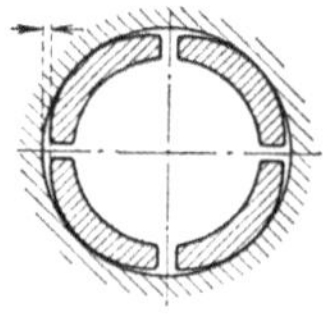

Abb. 83. Spannzangenquerschnitt.

C. Hilfsspannmittel.

In besonderen Fällen werden sowohl bei Spitzen- als auch bei Futterarbeiten Hilfsspannmittel verwendet, um Form und Halt des Werkstückes zu sichern.

24. Lünette. Bei Spitzenarbeiten wird die feststehende Lünette dazu verwendet, um lange Wellen in der Mitte zu unterstützen, damit sie nicht übermäßig durchhängen und durch die Schnittkräfte nicht verbogen werden können. In geeigneten Fällen verwendet man mitgehende Lünetten.

Auch bei Futterarbeiten läßt man lange Werkstücke in der Lünette laufen, um eine Durchfederung der Drehbankspindel oder des Werkstückes durch die Schnittkräfte und das Eigengewicht des Werkstückes zu verhindern (Abb. 84).

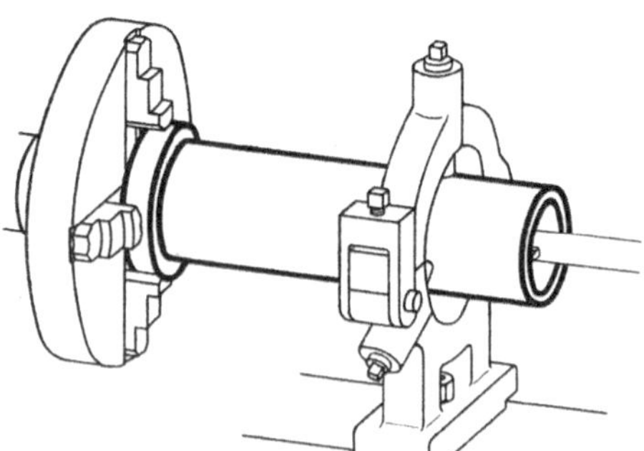

Abb. 84. Lünette zur Unterstützung eines fliegend aufgespannten Werkstückes.

In der Regel haben die Lünetten, die mit kleinen und mittleren Drehbänken als Zubehör mitgeliefert werden, drei verstellbare Gleitbacken, was für leichte Werkstücke auch genügt. Bei schweren Werkstücken verschleißen die unteren Backen jedoch sehr schnell und das Werkstück senkt sich dementsprechend. Das kann in einem solchen Maße geschehen, daß das Werkstück in dem Futter zu arbeiten und schließlich zu wandern anfängt. Das wird meistens kaum beachtet, kann sich aber beim Gewindeschneiden sehr unangenehm bemerkbar machen: Es treten Steigungsfehler auf. Ist die Drehbankspindel oder auch das Werkstück sehr schwach, so können sich derartige Fehler, wenn schließlich mal ein Verschleiß eingetreten ist, doch nicht zeigen: die Durchfederung verhindert dann das Arbeiten und Wandern des Werkstückes an der Einspannstelle im Futter. Für alle Fälle ist es aber besser, Lünetten zu verwenden, bei denen die Gleitbacken durch Rollen ersetzt sind. Es wird dadurch auch an Antriebskraft gespart, denn mit dem Verschleiß der Gleitbacken ist auch unnützer Kraftverbrauch verbunden. Abb. 85 ist eine gute Ausführungsform einer Lünette mit Rollen für schwere Werkstücke. Wie in der Schnittzeichnung ersichtlich, sind die Rollen mit je zwei zweireihigen Kugellagern versehen. Sind die beiden unteren Rollen in einem Winkel von 120° zueinander angeordnet, ist der Druck auf jede einzelne Rolle gleich dem Gewicht des Werkstückes (abgesehen vom Schnittdruck). Die beiden Kugellager einer Rolle müssen also das Gewicht des Werkstückes aufnehmen und dementsprechend bemessen sein. Günstiger werden die Lager beansprucht, wenn man den Winkel verkleinert, was bis zu 90° ohne Bedenken geschehen kann. Bei ganz schweren Werkstücken kann man die obere Rolle gänzlich fortlassen; denn auch die stärksten Schnittkräfte reichen dann nicht aus, um das Werkstück anzuheben.

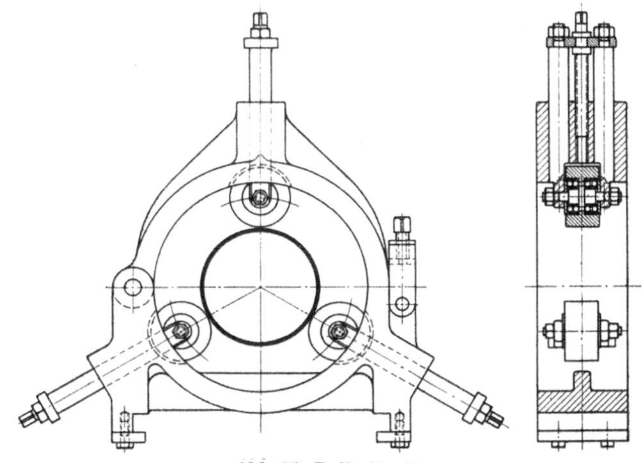

Abb. 85. Rollenlünette.

III. Spannen bei der Langbearbeitung.

Das hauptsächlichste Spannmittel für die Langbearbeitung, also für das Hobeln, Planfräsen und Planschleifen ist der Maschinenschraubstock. In weit größerem Maße als dieser werden jedoch einfachere Spannmittel der verschiedensten Art besonders beim Hobeln angewendet, teils weil sie in vielen Fällen tatsächlich zweckmäßiger sind, teils weil man auf Grund einer falschen Behandlungsweise, besonders aber einer unsachgemäßen Auswahl, schlechte Erfahrungen mit den Maschinenschraubstöcken gemacht hat. Konstruktion und Wirkungsweise dieses handelsüblichen Spannmittels sind nämlich so verschieden, daß gute Kenntnisse erforderlich sind, wenn es jeweils so zweckmäßig ausgewählt und behandelt werden soll, daß es auch befriedigt.

25. Fehler bei der Behandlung und Wirkungsweise der Maschinenschraubstöcke. Sehr häufig kann man beobachten, daß ein Maschinenschraubstock mit dem Hammer zugespannt wird, mit dem auf das Ende der Spannkurbel aus Leibeskräften geschlagen wird. Diese ganz unvernünftige Behandlung ist ein sicheres Zeichen dafür, daß irgend etwas nicht in Ordnung ist. Sollte das ausnahmsweise nicht der Fall sein, so hat sich eben der Arbeiter, gewitzigt durch frühere Erfahrungen, diese Art Zuzuspannen ein für allemal zu eigen gemacht. Er will sicher sein, daß das Werkstück durch das angreifende Werkzeug nicht aus den Backen gerissen wird. Doch dieses Schlagen ist eine ganz grobe und unsachgemäße

Selbsthilfe. Hält ein Werkstück nicht in den Backen, so liegt das nicht daran, daß es nicht möglich ist, mit dem dazugehörigen Schlüssel bzw. der Spannkurbel die Spannschraube fest genug anzuziehen, sondern meistens daran, daß der Schraubstock für das betreffende Werkstück ganz ungeeignet ist und nach fachmännischer Einsicht einfach gar nicht halten kann. Möglich ist es allerdings auch, daß der Schraubstock, obgleich er für das Werkstück geeignet ist, nur darum nicht fest genug spannt, weil er in einem sehr schlechten Zustande ist. Ist z. B. die Spindel des öfteren mit einem Hammer zugespannt worden, so ist sie bestimmt im Gewinde verdorben und streckenweise nur mit größter Gewalt leer zu bewegen. Oder der Schraubstock ist durch Späne und Rost verschmutzt. Häufig werden die Maschinenschraubstöcke auch als die Ursache für die mangelhafte Ausführung einer Arbeit angegeben. Das ist dann aber auch immer nur ein Beweis dafür, daß der Schraubstock für die betreffende Arbeit grundsätzlich ungeeignet oder nicht in Ordnung war. An diesen Zuständen, die sicher verallgemeinert werden können, ist die Tatsache schuld, daß der angelernte Maschinenarbeiter mit den ihm anvertrauten Spannmitteln nie so sorgfältig umgehen wird, wie z. B. der gelernte Dreher, einfach darum nicht, weil ihm das nicht wichtig erscheint und er die Fehler und ihre Folgen nicht zu erkennen vermag. Der Dreher hält schon deswegen seine Spannmittel in bester Ordnung, weil er ihre Beschädigungen sofort sieht, z. B. erkennt, daß er so nicht weiter arbeiten kann, wenn in einem verdorbenen Zentrierfutter das Werkstück nicht mehr läuft.

26. Einteilung der Maschinenschraubstöcke. Abgesehen von ihrer Wirkungsweise sonst, können die Maschinenschraubstöcke entweder so hergestellt sein, daß die Backen parallel spannen, der Abstand zwischen den Backen also an jeder Stelle derselbe ist, oder so, daß eine Backe sich selbsttätig in eine beliebige Richtung zu der andern Backe stellen kann. Diese Schraubstöcke werden in der Regel so hergestellt, daß die bewegliche Backe um einen Zapfen schwenken kann, so daß sie zwar immer rechtwinklig zur Unterlage bleibt, jedoch sich schräg zur festen Backe einstellen kann. Man unterscheidet demnach grundsätzlich Parallelspannbacken-Schraubstöcke und Schwenkspannbacken-Schraubstöcke.

Beide Arten können so durchgebildet sein, daß das Werkstück nur festgespannt wird, ohne daß es in seiner Lage genau bestimmt wird. Diese Schraubstöcke sollen als „gewöhnliche“ bezeichnet werden. Oder die Werkstücke werden nicht nur festgespannt, sondern auch gleichzeitig auf die Unterlage gedrückt. Diese Schraubstöcke werden im Handel als „Tiefspannschraubstöcke“ bezeichnet. Sie können auch so spannen, daß das Werkstück nicht nur an seiner unteren Auflage genau bestimmt wird, sondern auch an einer dazu rechtwinkligen Fläche. Sie sollen dann werkstückbestimmende Schraubstöcke genannt werden.

Die Schraubstöcke können auch zentrisch spannen, entweder so, daß das Werkstück nur nach einer Mittelebene bestimmt wird oder auch noch nach einer zweiten dazu rechtwinkligen. Diese Schraubstöcke kommen als „Zentrierschraubstöcke“ in den Handel.

Ferner gibt es noch Schraubstöcke für unregelmäßig geformte Werkstücke.

In der Konstruktion der Schraubstöcke gibt es auch sonst noch bemerkliche Unterschiede. Gespannt wird meistens durch Schraube, seltener mit Exzenter, sehr selten mit Kniehebel. Auch Preßluft ist kaum gebräuchlich, jedoch werden Preßluftspanner derart in den Handel gebracht, daß man sie mit gewöhnlichen Schraubstöcken verbinden kann. Die Schraubstöcke werden auch mit Untersätzen geliefert, auf denen man sie beliebig schwenken oder auch schräg verstellen kann. Auch werden Backen besonderer Art allein satzweise hergestellt, daß man sie für unbegrenzte Spannweiten verwenden kann.

27. Gewöhnliche Parallel- und Schwenkspannbackenschraubstöcke. Schraubstöcke, deren Backen nur parallel spannen, sind eigentlich nur zum Spannen solcher Werkstücke da, deren Einspannflächen parallel, also entweder bereits bearbeitet oder blank gezogen sind. Man könnte sie dann aber nur selten verwenden; darum werden auch Werkstücke mit ihnen gespannt, die parallel ungenügend (fehler-

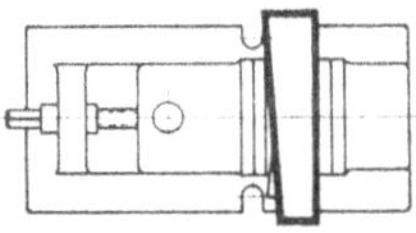

Abb. 86. Keilförmiges Werkstück im Parallelschraubstock.

Abb. 87.

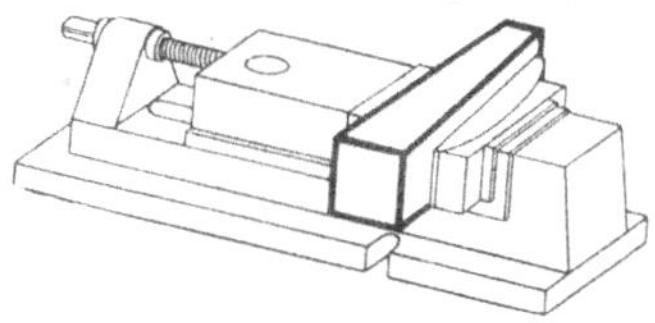

Abb. 88.

Beilagen zum Spannen keilförmiger Werkstücke im Parallelschraubstock.

haft) vorbearbeitet oder gar roh sind. Hält das Werkstück dann nicht, was ganz selbstverständlich ist, so legt man einen Keil bei (Abb. 86). Das ist nur ein schlechter Notbehelf. Zuverlässig ist die Spannung nur dann, wenn man eine Beilage nach Abb. 87 zwischen Werkstück und Spannbacke legt (Abb. 88). Verwendet man aber Schraubstöcke mit einer Schwenkbacke, so ist das alles nicht erforderlich. Der erfahrene Maschinenarbeiter wird einen derartigen Schraubstock immer vorziehen.

Der gewöhnliche Schraubstock kann nun noch allerlei Mängel haben, deren Ursache in der Konstruktion liegt. Es gibt da ältere Konstruktionen, bei denen die Spannschraube unterhalb der Spannbacke hindurchgeführt und die Spannbacke sehr schlecht geführt ist. Die Folge davon ist, daß sich die Spannbacke beim Zuspannen nach hinten neigt und die Entfernung der Backen voneinander oben größer wird als unten. Ist man nun gezwungen, ein dünnes Werkstück sehr hoch am Rande der Backen unter Verwendung einer Parallelunterlage einzuspannen, so hebt sich das Werkstück zusammen mit der Spannbacke von der Unterlage ab, wie es Abb. 89 schematisch erkennen läßt. Es beginnt dann das bekannte Herunterklopfen mit dem Hammer. Derartige Schraubstöcke sollte man aus dem Betrieb herausziehen und verschrotten. Aber auch die besseren Konstruktionen gewöhnlicher Schraubstöcke zeigen derartige Fehler, nur sind sie so klein, daß sie meist nicht beachtet werden.

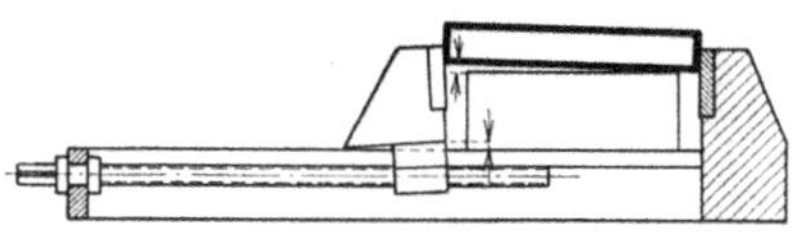

Abb. 89. Wirkungsweise einer schlechten Schraubstockkonstruktion.

28. Tiefspannschraubstöcke. Um die Mängel der gewöhnlichen Schraubstöcke zu beseitigen, sind schon vor langer Zeit Tiefspannschraubstöcke auf den Markt gekommen (Abb. 90). Die Spannbacken haben schräg nach unten bewegliche Backeneinsätze, die das Werkstück beim Spannen zusammen mit den Einsätzen nach unten auf die Unterlage drücken. Ist ein derartiger Schraubstock in Ordnung, d. h. sind die Einsätze auch tatsächlich beweglich und nicht durch Späne und Rost verschmutzt (was man häufig beobachten kann), so arbeitet er auch richtig, andernfalls ist er noch geringer zu bewerten als ein gewöhnlicher, aus folgenden Gründen: In Schraubstöcken ohne bewegliche Backeneinlage

Abb. 90. Tiefspannschraubstock.

wird das Werkstück, abgesehen von seiner Lage, sonst immer genau an der feststehenden Backe bestimmt. Hat diese Backe aber, wie die Tiefspannschraubstöcke, noch einen beweglichen Einsatz, so ist das nicht möglich, denn der Einsatz bewegt sich nicht nur nach unten, sondern auch ein unbestimmtes Stück rückwärts. Das ist ein Mangel, der allerdings nur dann stört, wenn das Werkstück unbedingt an einer Kante bestimmt werden muß.

Ein weit besserer Tiefspannschraubstock ist die Gelenkkonstruktion Abb. 91

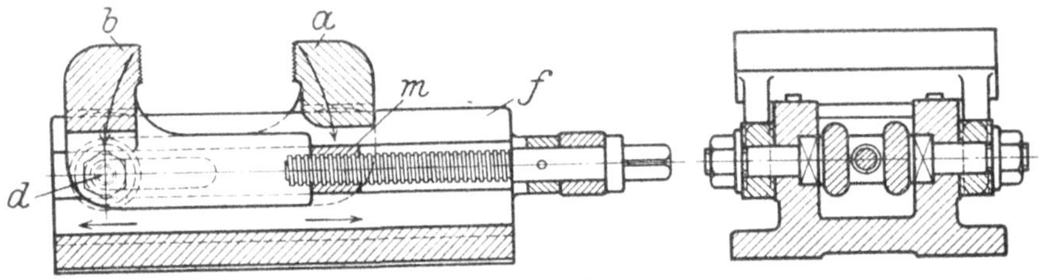

Abb. 91. Tiefspannschraubstöcke.
a, *b* Spannbacken, *d* Scharnierbolzen, *m* Spindel, *f* Schraubstockkörper.

nach Patent Fischer. Die beiden Backen sind so angeordnet, daß sie sich beim Zuspannen, infolge einer elastischen Zwischenlage, mit dem Werkstück in der Pfeilrichtung ein wenig abwärts bewegen. Die gelenkartige Anordnung gewähr-

Abb. 92. Unterzugsschraubstock, gut bestimmend.
(Fritz Werner AG.)

Abb. 93. Zentrierschraubstock.
(Fritz Werner AG.)
a, *b* Prismatische Auflagen für Werkstücke, *c* Prismeneinsatz, *e* Spannbacke, *f* Anschlag für Werkstücke, *k* Spannbacke, *m* Schraubstockaufspannflächen.

leistet stets eine sichere Wirkung, die auch durch Verschmutzung nicht beeinträchtigt werden kann.

29. Werkstückbestimmende Schraubstöcke. Der Unterzugschraubstock Abb. 92 kann wohl als der beste werkstückbestimmende Maschinenschraubstock bezeichnet werden. Die werkstückbestimmende Backe ist fest, die bewegliche Backe ist unter der festen hindurchgeführt und wirkt auf Zug beim Spannen, wodurch eine Neigung nach abwärts eintritt. Das Werkstück kann also niemals angehoben werden, sondern wird vielmehr stets fest auf die Unterlage gedrückt.

30. Zentrierschraubstöcke. Allgemein bekannt ist die älteste Bauart: Zwei bewegliche Spannbacken, die durch eine Spannschraube mit Rechts- und Linksgewinde gleichzeitig zugespannt werden. Der Sinn dieser Konstruktion ist: Werkstücke nach einer Mittelebene zu bestimmen, also „halb zu zentrieren". Sie werden aber meistens nicht in diesem Sinne angewendet, weil sie dafür nicht praktisch genug sind, und meistens auch nicht genau genug arbeiten. Man benutzt sie darum hauptsächlich für andere untergeordnete Arbeiten, wo es auf eine genaue Zentrierung nicht ankommt.

Einen neuartigen halbzentrierenden Schraubstock, der hauptsächlich zum Spannen von Wellen und Zapfen beim Einfräsen von Nuten dient, zeigt Abb. 93. Seine Herstellung verbürgt größte Genauigkeit der zentrischen Einspannung. Durch ein Handrad mit Griff wird er sehr praktisch bedient. Die gehärtete Werkstückunterlage hat an zwei Seiten Prismen, so daß sie für schwache und auch für stärkere Wellen verwendet werden kann.

Nur für den Gebrauch auf Bohrmaschinen geeignet ist der selbstspannende Zentrierschraubstock Abb. 94. Die prismenartig zueinander geführten Backen bewegen sich unter dem Druck des Bohrwerkzeuges schräg nach unten und klemmen somit das Werkstück fest. Geöffnet werden die Backen durch den Handhebel, durch den nötigenfalls die selbsttätige Spannung noch unterstützt werden kann. Der Schraubstock ist besonders beim Bohren von flachen Rundkörpern ein sehr praktisches Spannmittel.

Hohlkörper können, wie in Abb. 95, mit 2 dafür besonders geeigneten Zentrierschraubstöcken aufgespannt werden. Das Werkstück kann dabei aber sehr

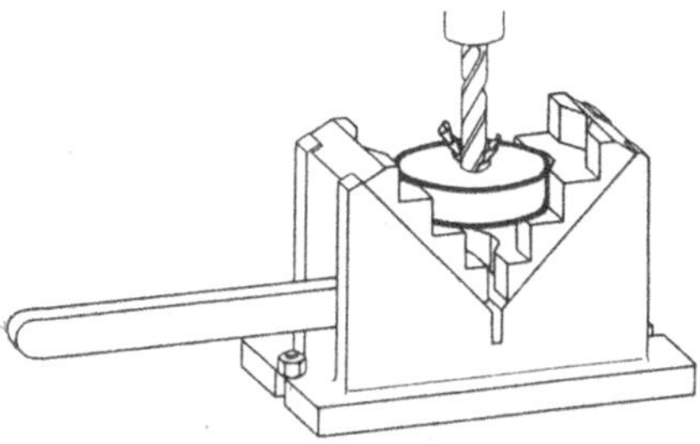

Abb. 94. Selbstspannender Zentrierschraubstock für Bohrmaschinen.

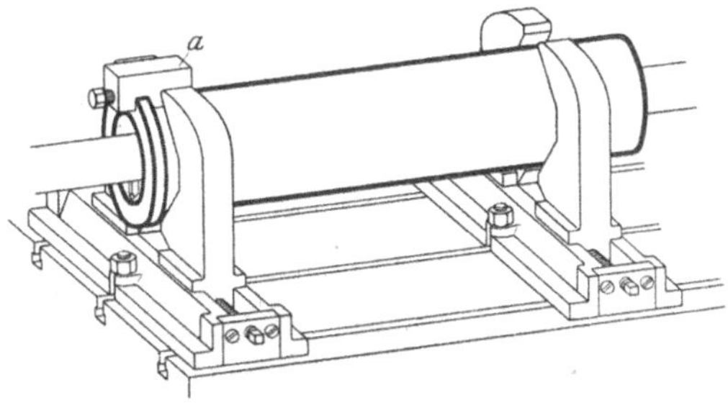

Abb. 95. Spannen zylindrischer Hohlkörper mit 2 Zentrierschraubstöcken.

leicht durch zu kräftiges Anziehen verspannt werden. Soll es wie in Abb. 95 ausgebohrt werden, so dürfen die Schraubstockbacken nur sehr mäßig zusammengespannt werden, so daß das Werkstück gerade noch zentriert wird. Das Drehmoment muß auf besondere Art übertragen werden. In der Abb. 95 geschieht das dadurch, daß auf den Rand des Werkstückes ein Kloben gespannt wird, der sich in der Drehrichtung gegen eine Schraubstockbacke legt. Fehlt ein Stirnrand, kann man auch ein Ziehband (Abb. 96) verwenden, das, wie in Abb. 97, um den Zylinder herumgespannt wird. Am einfachsten ist es, wenn eine vorhandene Warze wie in Abb. 98 zur Kräfteübertragung angewendet werden kann. Es lohnt auch, einen derartigen Vorsprung nur für diesen Zweck anzugießen und später wieder zu entfernen.

31. Schraubstöcke für unregelmäßig geformte Werkstücke. Alle vorgenannten Schraubstockarten eignen sich nur für Werkstücke regelmäßiger Form, mit gleichem quadratischen, rechteckigen, vieleckigen oder runden Querschnitt. Unregelmäßig geformte Werkstücke müssen auf eine mehr oder weniger umständliche Art mit andern Mitteln aufgespannt werden. Es hat darum nicht an Versuchen gefehlt, ein einfaches Gemeinspannmittel für unregelmäßig geformte Werkstücke zu schaffen, sofern sie sich der Größe nach überhaupt für eine Schraubstockspannung eignen. Es gibt wohl Bauarten mit vielgliedrigen Spannbacken, die sich selbsttätig jeder gekrümmten Form anpassen und das Werkstück überall mit gleichem Druck so fest spannen, wie es auf eine andere Art kaum möglich wäre. Jedoch dürfte die vielgestaltige Konstruktion, die einen hohen Preis bedingt und auch eine gute Pflege erfordert, einer allgemeinen Einführung hindernd im Wege stehen.

32. Verschiedene Sonderausführungsformen von Schraubstöcken. Um durch Vielseitigkeit auch höchsten wirtschaftlichen Anforderungen gerecht zu werden, werden, unabhängig von einer bestimmten Wirkungsweise, Sonderausführungen in den Handel gebracht: Für Werkstücke, die ohne Umspannen in verschiedene Richtungen zu bringen sind, werden die Schraubstöcke drehbar auf eine Grundplatte mit Gradskala gesetzt.

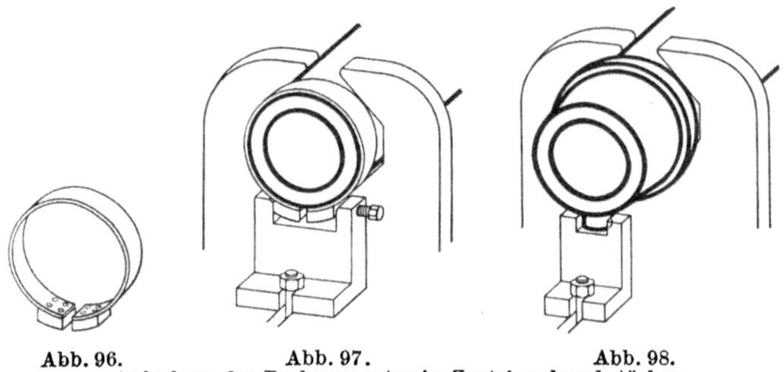

Abb. 96. Abb. 97. Abb. 98.
Aufnahme des Drehmomentes in Zentrierschraubstöcken.

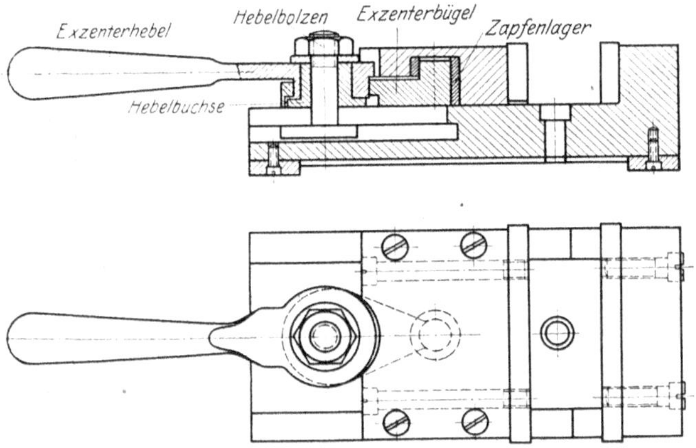

Abb. 99.
Schraubstock mit Exzenterspannung (Loewe-Gesfürel).

Werkstücke der Vielfertigung, bei denen die Bearbeitungszeit im Verhältnis zur Spannzeit sehr kurz ist, erfordern Schraubstöcke mit Schnellspannung. Abb. 99 ist ein Schraubstock mit Exzenterspannung und mit parallel geführten Backen für genau vorbearbeitete Werkstücke. Die idealste Schnellspannung haben Preßluftschraubstöcke, da sie dem Arbeiter jegliche zum Spannen sonst erforderliche Kraftäußerung abnehmen. Außer den nur für Preßluft eingerichteten Sonderkonstruktionen gibt es Preßluftuntersätze, die mit gewöhnlichen Schraubstöcken verbunden werden können (Abb. 100):

Von der Schraubstockspindel ist der vordere Stellring entfernt worden, damit sie sich in dem Gegenlager axial bewegen kann. Durch einen vom Preßluftkolben bewegten Winkelhebel wird ein Spannschieber verschoben, der mit der Schraubstockspindel gekuppelt ist. Außerdem ist noch ein Stück des Spindelvierkantes freigelassen worden, damit die Spannbacke grob auf das Werkstück eingestellt werden kann. Diese Lösung muß als besonders glücklich bezeichnet werden, zumal der Raumbedarf für den Preßluftbetrieb nur gering ist. Es kann daher nicht dringend genug geraten werden, von dieser praktischen Einrichtung Gebrauch zu machen, sofern eine Schnellspannung wirtschaftlich überhaupt geboten erscheint.

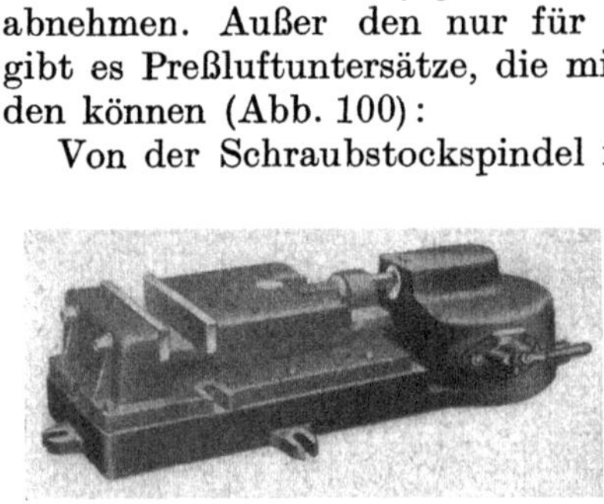

Abb. 100. Schnellspannschraubstock mit Preßluft spannend.

33. Schraubstockähnliche Spannwinkel (Abb. 101 u. 102). Jeder Winkel besteht aus 2 keilförmigen Teilen, von denen der untere auf den Tisch und der obere so auf den unteren gespannt wird, daß er durch die schräge Fläche beim Anziehen die Neigung bekommt, sich nach vorn und unten zu bewegen. Man kann diese Winkel auch in Sätzen von je zwei Stück als Schraubstöcke für unbegrenzte Spannweiten bezeichnen, denn man kann sie entweder unmittelbar auf dem Maschinentisch aufspannen oder auch auf einer besonderen Grundplatte in beliebiger Entfernung voneinander. Abb. 101 zeigt die unmittelbare Anordnung auf dem Maschinentisch. Dabei darf aber nur vorsichtig und auf kräftigen Tischen gespannt werden, besonders wenn die Spannweite sehr groß ist. Denn schwächere Tische, hauptsächlich von Fräsmaschinen, können sich dabei sehr leicht durchbiegen, so daß sie in der Führung anfangen zu klemmen, was die Ursache eines frühzeitigen Verschleißes wird. Während die Durchbiegung bei kleinen Spannweiten bedeutungslos ist (Abb. 103), kann sie bei dem gleichen Druck aber großer Spannweite ganz beträchtlich werden (Abb. 104). Besser ist es für alle Fälle, eine besondere gut versteifte Grundplatte zu verwenden, etwa wie in Abb. 102. Die Spannwinkel sind sonst noch recht vielseitig zu verwenden, vorzugsweise als Hilfsmittel bei andern Spannarten.

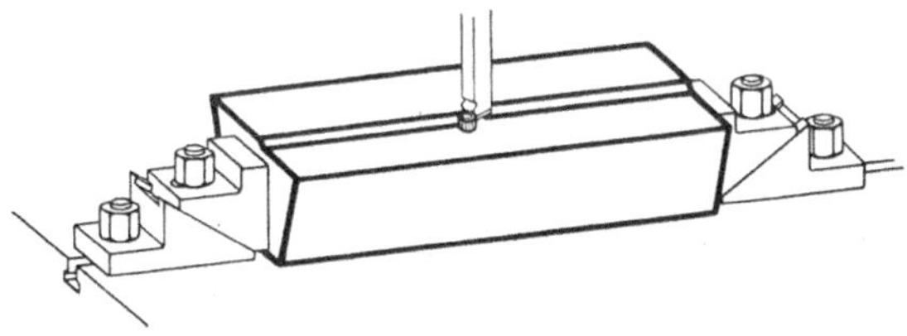

Abb. 101. Spannwinkel ohne Untersatz.

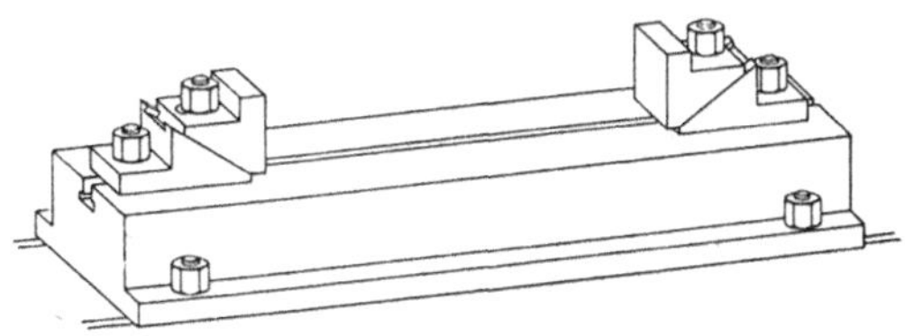

Abb. 102. Spannwinkel mit Untersatz.

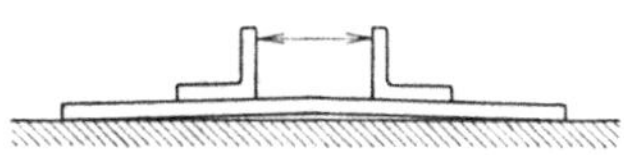

Abb. 103.

Abb. 104.

Abb. 103 bis 104. Schraubstockähnliche Spannwinkel.

34. Spitzenböcke. Manche Werkstücke, die auf der Drehbank zwischen den Spitzen vorgearbeitet worden sind und die dann noch gefräst, gehobelt oder dgl. werden sollen, spannt man mit Spitzenböcken auf. Man erspart dadurch das Ausrichten

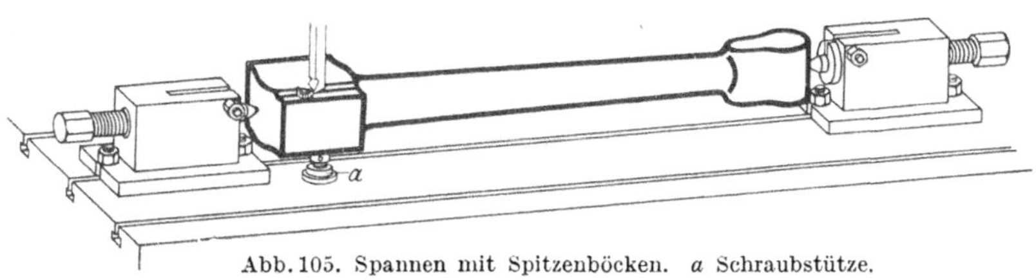

Abb. 105. Spannen mit Spitzenböcken. *a* Schraubstütze.

und erzielt auch eine genauere Arbeit. Abb. 105 zeigt eine derart zum Hobeln aufgespannte Schubstange, gegen Drehen durch zwei kleine Schraubenstützen *a* gesichert.

35. Magnetfutter. Ein sehr wichtiges Spannmittel für die Planschleiferei ist das Magnetfutter, das für die Parallelbearbeitung kleiner Werkstücke der Vielfertigung hervorragend geeignet ist. Es wird sowohl für die Lang- als auch für die Rundbearbeitung hergestellt. Im Beispiel Abb. 134 wird ein Magnetfutter für Langbearbeitung verwendet.

36. Luftdruckspannfutter. Dieses Spannmittel wird an Stelle der Magnetfutter dann angewendet, wenn die Werkstücke aus unmagnetischen Metallen bestehen. Es gehört dazu eine Vakuumpumpe mit Rohr- oder Schlauchleitung. Bei ganz kurzen Bearbeitungszeiten kann man die Pumpe auch durch einen entsprechend belasteten Kolben ersetzen, den man beim Einspannen dann jedesmal anheben muß. Der Spanntisch selbst erfordert für jedes Werkstück, sofern mehrere gleichzeitig aufgespannt werden sollen, eine besondere Spanneinheit. Abb. 106 zeigt die Konstruktion eines gewöhnlichen derartigen Futters. Die Aufspannfläche ist zum schnelleren Ansaugen mit einem feinen Netz von Luftkanälen versehen, die in die Anschlußöffnung münden. Zur Abdichtung ist ringsherum eine Nut eingearbeitet, in die ein gut elastischer Vollgummiring oder auch ein Gummischlauch (Fahrradventilgummischlauch) eingelegt wird, so daß er noch ein wenig über die Spannfläche hinausragt. Bei ganz dünnen Platten, z. B. den Zink- und Kupferplatten für Druckstöcke, muß man allerdings das Luftkanalnetz fortlassen (und sich mit einem feinen Ansaugeloch in der Mitte der Spannfläche begnügen), da es sich bereits als Verspannungsfehler auf fertig bearbeiteten Flächen abzeichnet. Für kleinere Werkstücke kann man auch Gumminäpfe verwenden (Abb. 107), jedoch muß man die Dicke der Werkstücke beachten, daß sie nicht durchgebogen werden.

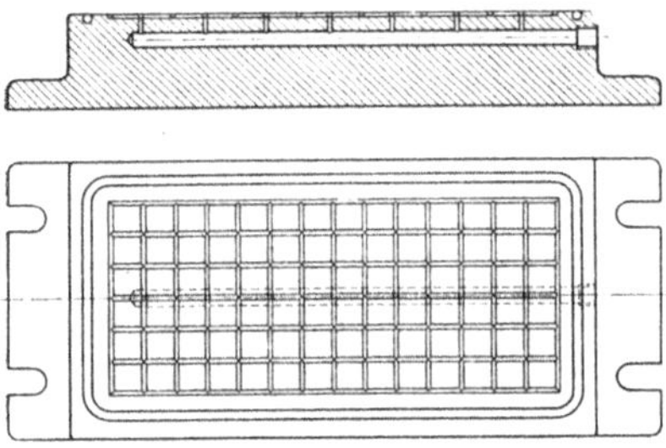

Abb. 106. Luftdruckspannfutter.

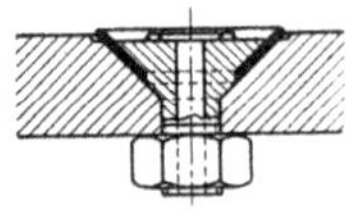

Abb. 107.

IV. Allgemeine Spann- und Hilfsspannmittel.

Die folgenden Spannmittel sind teils unabhängig, teils nur durch Verbindung untereinander zu einem selbständigen Spannmittel zu verwenden. Meistens dienen sie jedoch immer nur entweder einzeln oder in Verbindung mit anderen zur Unterstützung der Hauptspannmittel für die Rund- und Langbearbeitung.

37. Spannschrauben. Zum mittel- oder unmittelbaren Aufspannen der Werkstücke und der Spannvorrichtungen verwendet man Schrauben nach Abb. 108, die in die T-förmigen Nuten der Maschinentische hineingeschoben werden. Wird es erforderlich, zwischen zwei bereits festgespannte Schrauben noch eine oder mehrere andere zu setzen, so müßte man eine der bereits festgezogenen Schrauben wieder entfernen. Um das zu vermeiden, verwendet man die nicht in allen Betrieben bekannten sogenannten „Riegelschrauben" nach Abb. 109, die von oben an beliebiger Stelle in die Nuten hineingesteckt und durch Rechtsherumdrehen abgeriegelt werden. Das Fehlen dieser Schrauben in der Werkstatt bedeutet oft einen erheblichen Zeitverlust, besonders bei Langhobelmaschinen, deren lange Spannnuten erst von Spänen gesäubert werden müssen, bevor die Schrauben einzuführen sind. Als Schraubenmuttern soll man grundsätzlich nicht gewöhnliche Dauerverbindungsmuttern verwenden, $0{,}8 \div 1$ Schraubendurchmesser hoch, sondern besondere, $1{,}5 \div 2$ Durchmesser hoch. Muttern wie Schrauben sollen aus einem guten, festen Maschinenstahl hergestellt sein.

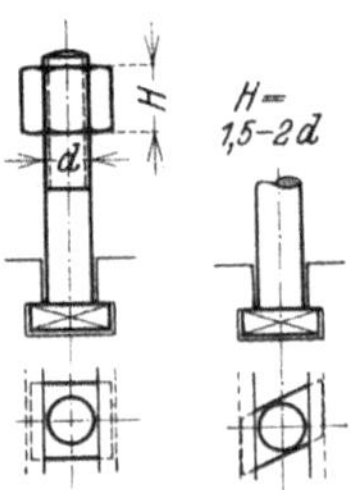

Abb. 108. Abb. 109.
Spannschrauben.

38. Spanneisen. Nur in den seltensten Fällen kann man das Werkstück unmittelbar mit der Schraube festspannen. Meist bedient man sich des Spanneisens, das auf zwei grundsätzlich verschiedene Arten angewendet wird. Abb. 110 ÷ 112 zeigen den ersten Fall: Das Spanneisen geht über das Werkstück vollständig hinüber und wird durch zwei Schrauben gespannt. Bei gleichem Abstand der Schrauben vom Werkstück vereinigen sich die Spannkräfte beider Schrauben auf das Werkstück: $Q = 2\,P$. Es ist gleichgültig, welche von beiden Schrauben angezogen wird, vorausgesetzt, daß das Spanneisen so wie in Abb. 110 am Werkstück anliegt. Liegt das Spanneisen aber wie in Abb. 111 flach auf, so müssen beide Schrauben gleichmäßig angezogen werden, sonst wirkt das Eisen wie ein ungleicharmiger Hebel (Abb. 112). Hierbei muß man beim Spannen bereits vorsichtig sein, denn die Spannkraft P_1 der Spannschraube rechts kann sich auf das Werkstück in einem solchen Maße vervielfachen, wie es gar nicht erwünscht ist: $Q = P_1\left(\frac{l_1 + l_2}{l_2}\right)$. Schädlich ist die Wirkung dann sicherlich auf die Spannschraube links, wenn die erste nochmal angezogen wird, denn es ist $P_2 = P_1 \cdot \frac{l_1}{l_2}$. Diese Schraube kann also so überbeansprucht werden, daß sie sich strecken muß. Das ist meistens wohl die Ursache dafür, daß die Spannschrauben frühzeitig unbrauchbar werden und die Muttern leer nicht mehr von Hand, sondern nur noch mit dem Schlüssel zu bewegen sind.

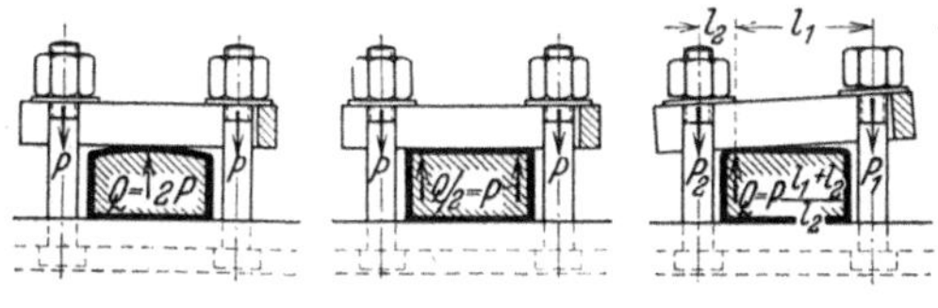

Abb. 110. Abb. 111. Abb. 112.

Den zweiten Fall der Anwendung der Spanneisen zeigen Abb. 113 bis 115. Das Spanneisen wirkt hierbei immer als Druckverteiler, das den von nur einer Spannschraube ausgeübten Spanndruck entweder auf zwei Werkstücke Abb. 113, oder auf ein Werkstück und eine Unterlage, Abb. 114, oder auch auf zwei Punkte nur eines Werkstückes verteilt (Abb. 115). Dieser Fall ist am günstigsten, denn hierbei wirkt die volle Spannkraft P als Nutzkraft Q auf nur ein Werkstück, während sonst die auf das Werkstück bzw. auf nur ein Werkstück entfallende Nutzkraft immer kleiner ist als die Spannkraft. In Abb. 114 ist $Q = P\,\frac{l_1}{L}$, während der Druck auf die Unterlage $= P\,\frac{l_2}{L}$ wird. Die Kräfteverteilung hängt also von dem Verhältnis der Hebellängen l_1 und l_2 ab. Es können beim Ansetzen der Spanneisen daher sehr ungünstige Verhältnisse entstehen, die manchmal wegen der ungünstigen Lage der Spannuten zwar nicht zu vermeiden sind, aber sehr oft ganz unnötig sind. Das ist dann immer ein Beweis dafür, daß ohne jede Überlegung und ohne jedes Verständnis der einfachsten Hebelgesetze gearbeitet worden ist und die Erfahrung lehrt, daß solche Arbeiter an falscher Stelle stehen, denn bei schwierigen Spannarbeiten werden sie erst recht versagen, allen Unterweisungen zum Trotz. Abb. 116 zeigt die günstigste und Abb. 117 die ungünstigste Anwendungsform

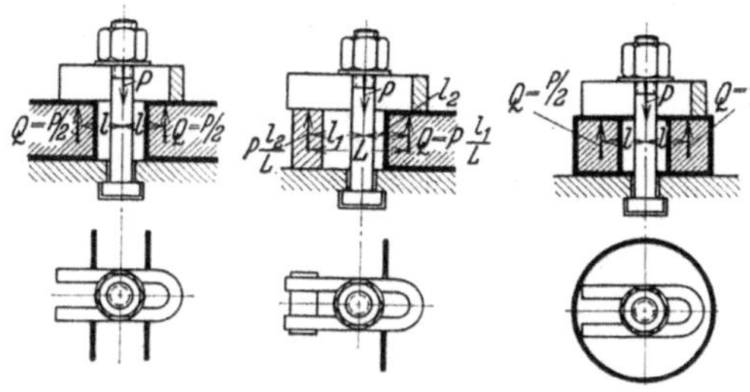

Abb. 113. Abb. 114. Abb. 115.
Grundsätzliche Anwendungsarten von Spanneisen.
P Spanndruck, Q Gegendruck.

des Spanneisens. Läßt sich das Spanneisen nicht günstiger ansetzen, müssen mehrere Spanneisen statt eines benutzt werden.

Die gewöhnlichen Spanneisen sind in vier verschiedenen Formen zur Normung vorgeschlagen. Die gebräuchlichste Form, das U-förmige Spanneisen, findet man in den Betrieben häufig an einem Ende abgesetzt (Abb. 118), damit es auch dann verwendet werden kann, wenn es sonst wegen seiner Höhe hinderlich wäre. Die Gabelspanneisen, gerade und gekröpft, sind für den allgemeinen Spanngebrauch unentbehrlich (Abb. 119).

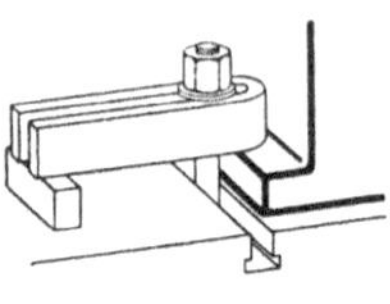

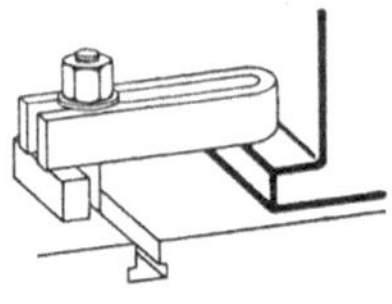

Abb. 116. Abb. 117.
Richtige und falsche Anwendung eines Spanneisens.

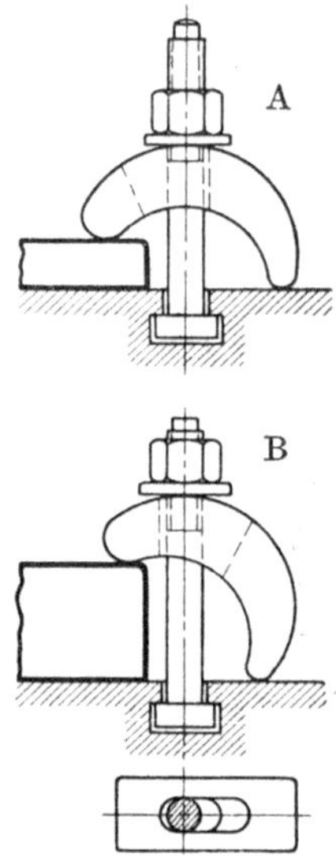

Abb. 120. Spannklaue.

Eine besondere Art der Spanneisen zeigen Abb. 120 *A* u. *B*. Wegen der gekrümmten Form werden sie auch „Spannklauen" genannt und sind darum besonders praktisch, weil sie bis zu einer bestimmten Spannhöhe keine Unterlage erfordern. Die gekrümmte Oberfläche gestattet es, bei den verschiedenen Spannhöhen die Spannmutter so anzusetzen, daß sie zentral auf die Spannklaue drückt. Diese Spannklauen können aber auch noch in einer andern sehr beachtenswerten Form angewendet werden. Ein Beispiel ist Abb. 121: Ein würfelförmiges Werkstück, für das ein Maschinenschraubstock nicht zur Verfügung steht, wird durch Spannklauen in schraubstockähnlicher Weise nach Art der Tiefspannung durchaus zuverlässig festgespannt. Das Werkstück ist so zwischen

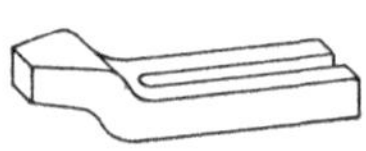

Abb. 118. Abb. 119.
Gabelspanneisen, abgesetzt und gekröpft.

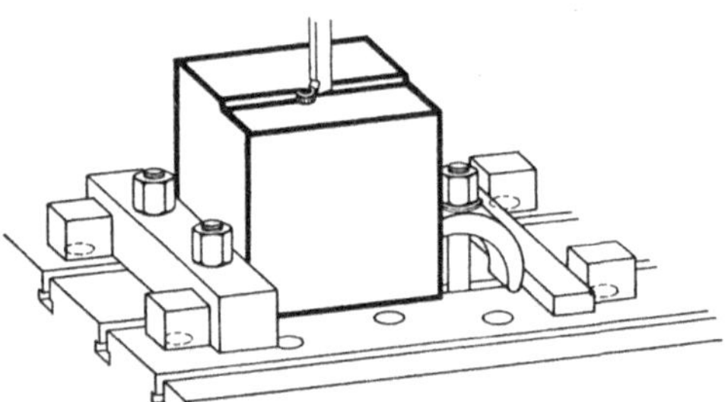

Abb. 121. Besondere Anwendungsform der Spannklaue.

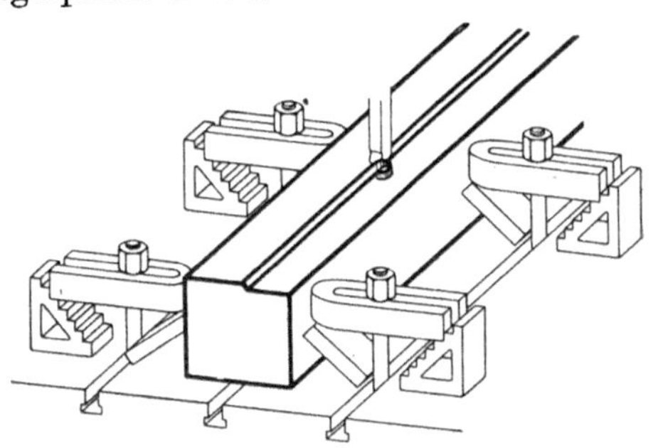

Abb. 122. Besondere Anwendungsform der Gabelspanneisen.

zwei quer auf den Tisch gespannte Anschlagleisten gesetzt, daß zwischen hintere Leiste und Werkstück ein entsprechender Raum für die Spannklaue übrigbleibt. Weil die Spannklaue nach hinten nicht ausweichen kann, bewegt sie sich beim Zuspannen gegen das Werkstück und klemmt es fest.

Eine ähnliche Anwendungsart der Spanneisen aber von beliebiger Form, zeigt Abb. 122. Sie wird dann angewendet, wenn die für diese Spannungsart sonst üblichen Kloben (die später noch beschrieben werden) fehlen oder aus irgend einem Grunde nicht benutzt werden können. Um den senkrechten Spanndruck der Spanneisen gegen das Werkstück schräg nach unten umzulenken, sind noch besondere Druckstücke verwendet, die aus Flacheisen in gleichen Längen zugeschnitten worden sind. Dadurch, daß ein Ende der Druckstücke an der Spannschraube Widerstand findet, muß sich das andere Ende unter dem Spanndruck schräg nach unten bewegen und das Werkstück festklemmen.

Neben den Normalausführungsformen sind auch noch verschiedene Sonderausführungen erforderlich, ohne die man bei schwierigen Spannarbeiten tatsächlich nicht auskommt. Sie müssen von Fall zu Fall angefertigt werden. Abb. 123 zeigt einen charakteristischen Fall: Bei Verwendung einer Normalausführung wäre es nicht möglich, eine Spannmutter aufzusetzen. Das Spanneisen wird an Stelle eines Schlitzes oder Durchgangsloches mit Gewinde und einer kurzen Riegelschraube *a* versehen. Mit einer zweiten Schraube *b*, der eigentlichen Spannschraube, wird das Spanneisen an diesem Ende hoch und am andern Ende auf das Werkstück gedrückt.

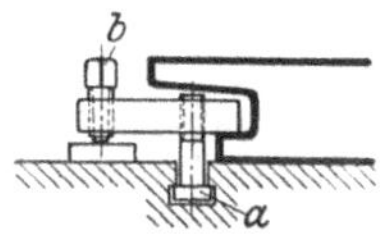

Abb. 123. Sonderspanneisen. *a* Riegelschraube, *b* Spannschraube.

39. Spanneisenuntersätze. Als Spanneisenuntersätze, deren Höhe jeweils nach der Spannhöhe eingestellt werden muß, so daß das Spanneisen parallel zur Aufspannfläche liegt, verwendet man in vielen Betrieben nur allerlei Werkstoffabfälle. Das sieht aber in jedem Falle sehr unordentlich aus und ist zudem oft auch nicht sicher genug, besonders dann nicht, wenn die Untersätze mehrteilig und vielleicht noch aus rohen Abfällen zu größeren Höhen zusammengestellt werden. In geordneten Betrieben wird man darum Wert darauf legen, besondere, geeignete Untersätze zu verwenden, die in verschiedenen Formen handelsüblich bezogen werden können, wenn man es nicht vorzieht, sie selbst nach eigenen Erfahrungen unter Berücksichtigung der einzelnen Maschinen anzufertigen. Für kleine Höhen verwendet man Klötze aus blank gezogenem Stahl mit rechteckigem Querschnitt, deren Abmessungen nur geringe Unterschiede aufweisen. Für größere Höhen ist der abgestufte Untersatz Abb. 124 allgemein üblich, für Gabelspanneisen jedoch nicht immer anwendbar, da deren rundes Ende nicht genügend aufliegen kann.

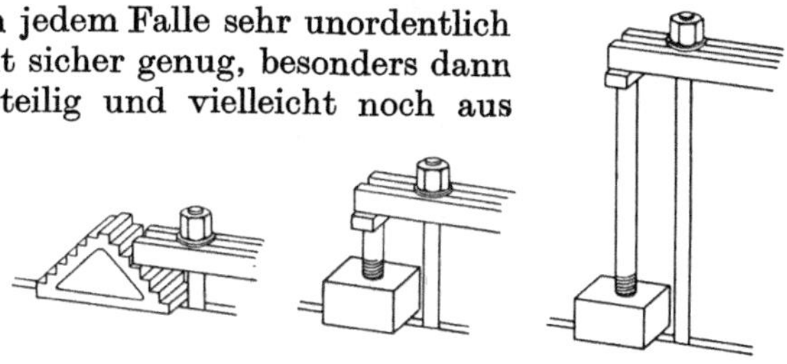
Abb. 124. Abb. 125. Abb. 126.
Spanneisenuntersätze.

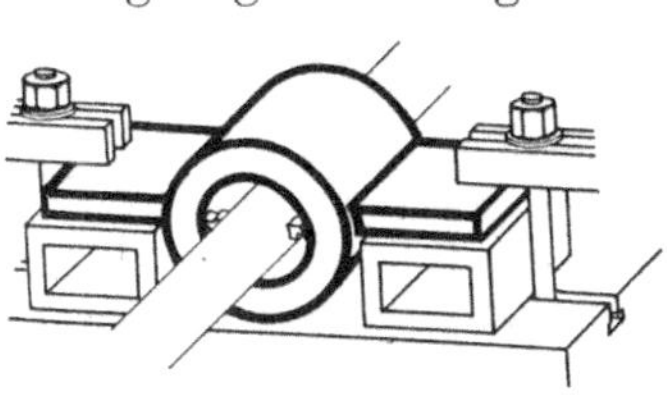
Abb. 127.
Anwendungsarten für Werkstückuntersätze.

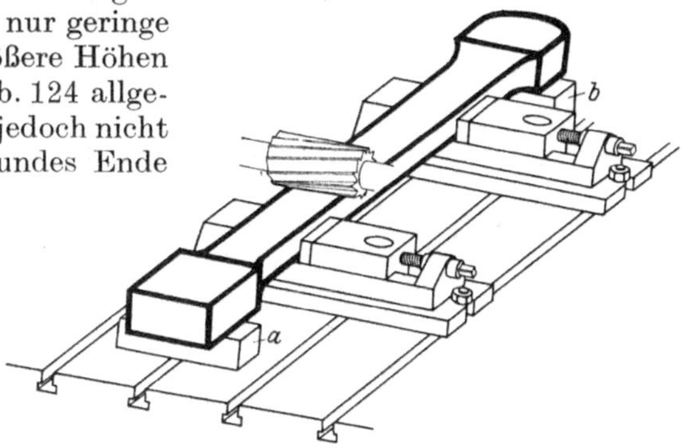

Abb. 128.
a, *b* Parallelstücke.

Für größere Höhen verwendet man dann Untersätze etwa nach Abb. 125 u. 126: Ein fester Fuß, in den eine beliebig lange Schraube mit T-förmigem Kopf als Spanneisenunterlage eingeschraubt wird. Vielfach werden hierzu auch Stockwinden verwendet, die sonst zum Unterstützen der Werkstücke dienen. Manchmal ist die Auflage für das Spanneisen am Werkstück schräg, so daß das Spanneisen durch den Untersatz am Abgleiten verhindert werden muß. Dafür eignet sich dann der bereits erwähnte Untersatz nach Abb. 124 gut, wenn er festgeschraubt werden kann. Bei größeren Höhen legt man Parallelklötze unter.

40. Werkstückuntersätze. Bei Benutzung eines Hauptspannmittels wird das Werkstück in der Regel durch dieses in seiner Lage bestimmt, besonders bei der Rundbearbeitung. Nur in besonderen Fällen und ferner beim freien Spannen auf dem Maschinentisch oder der klobenlosen Planscheibe werden Untersätze verwendet, die das Werkstück teilweise oder auch vollständig selbsttätig in die richtige Lage bringen, es also bestimmen oder zentrieren (siehe Heft 33, Abschnitt Zentrieren und Bestimmen). Parallelstücke verwendet man bei vorbearbeiteten Werkstücken dann, wenn es nicht möglich oder angängig ist, sie unmittelbar mit der bearbeiteten Fläche auf dem Maschinentisch oder der Planscheibe zu bestimmen (Abb. 127). Einen besonderen Fall bei Verwendung von zwei Maschinenschraubstöcken zeigt Abb. 128: Mit den Maschinenschraubstöcken wird das Werkstück, eine Schubstange, in diesem Falle nur festgespannt, während die beiden Parallelstücke *a* und *b* dazu dienen, die Schubstange an den zuerst bearbeiteten Köpfen zu bestimmen. Tiefspannschraubstöcke dürfen hierbei aber nicht verwendet werden, da die Schubstange dann nach unten verspannt (durchgebogen) werden könnte. Sehr viel verwendet werden Parallelstücke besonders auf Bohrmaschinen, da man hier sehr oft das Werkstück parallel zum Maschinentisch so aufspannen muß, daß der Bohrer frei durchtreten kann.

Zum zentrischen Aufspannen, besonders von Rundkörpern, dienen die Prismenuntersätze. Sie müssen, wenn sie ihren Zweck richtig erfüllen sollen, paarweise in den Abmessungen genau übereinstimmend hergestellt sein und eine genau zur Mitte gearbeitete Zentrierleiste haben, die auch entfernt werden kann.

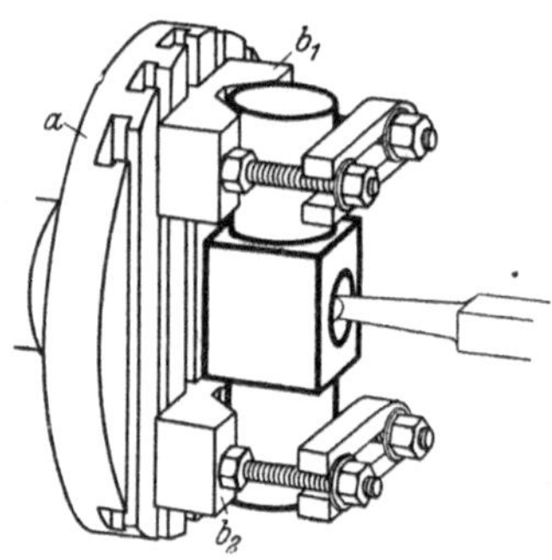

Abb. 129. Prismenuntersätze auf der Drehbank.
a Planscheibe, b_1, b_2 Prismenuntersätze.

Sind diese Bedingungen erfüllt, so bringen sie beim Aufspannen zahlreicher Werkstücke ganz wesentliche Vorteile durch Zeitgewinn und einwandfreie Arbeit. Abb. 129 zeigt die Anwendung eines derartigen Prismensatzes auf der Drehbank zum Bohren eines Querhauptes: Die klobenlose Planscheibe *a* hat eine genau zur Mitte gearbeitete Führungsnut, durch die die Prismenuntersätze b_1 und b_2 genau zentrisch aufgespannt werden können. Die Spannschrauben haben ein langes Gewinde, so daß mit ihnen zunächst die Prismenuntersätze und dann, unabhängig davon, auch das Werkstück bzw. die Spanneisen festgespannt werden können. Man stelle sich vor, welch ein Maß von Ausrichtarbeit nötig wäre, wenn man sich auf die Genauigkeit der Planscheibe bzw. der Prismen nicht verlassen könnte oder diese überhaupt nicht vorhanden wären. Den Prismensatz kann man natürlich auch auf allen anderen Maschinen und in Verbindung mit andern Hilfsspannmitteln in ähnlicher Weise verwenden.

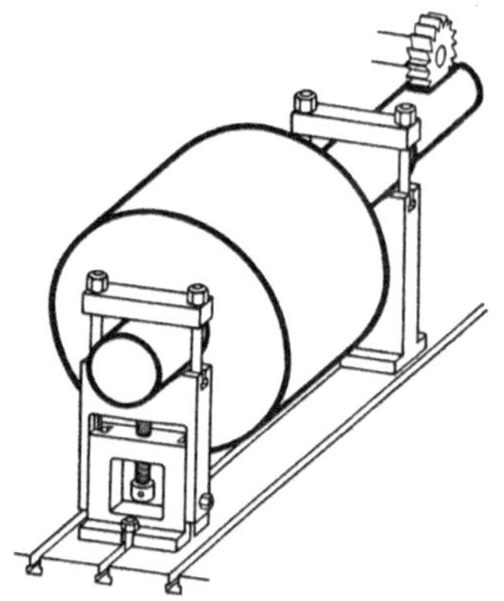
Abb. 130. Verstellbarer Prismenuntersatz beim Aufspannen eines Rotorkörpers.

Im Großmaschinenbau sind verstellbare Prismenuntersätze sehr zweckmäßig, die zusammen mit einem festen Untersatz zum Aufspannen solcher Werkstücke die besten Dienste leisten, die verschieden starke Auflagedurchmesser haben. Ein solches Werkstück kann so außerordentlich schnell parallel oder geneigt zum Aufspanntisch ausgerichtet werden, was bei Verwendung fester Untersätze sehr zeitraubend wäre und auch für die gleiche Zeit den Kran festlegte. Abb. 130 zeigt einen zum Fräsen einer Nut aufgespannten Rotorkörper.

Zum Aufspannen roher Werkstücke verwendet man entsprechend der jeweiligen Form teils Prismenuntersätze, teils Schraubenstützen, die in verschiedenen Höhen und Stärken vorhanden sein müssen. Untersätze werden auch häufig aus Hartholz nach der Form des Werkstückes besonders angefertigt, wodurch manchmal Aufspannschwierigkeiten sehr schnell behoben werden können.

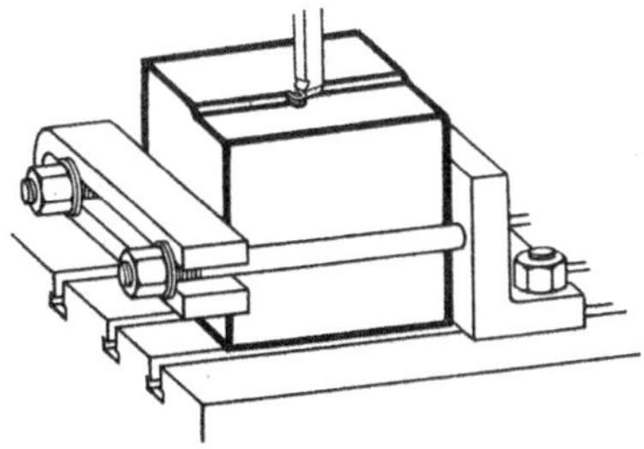
Abb. 131. Aufspannung mit Spannwinkel.

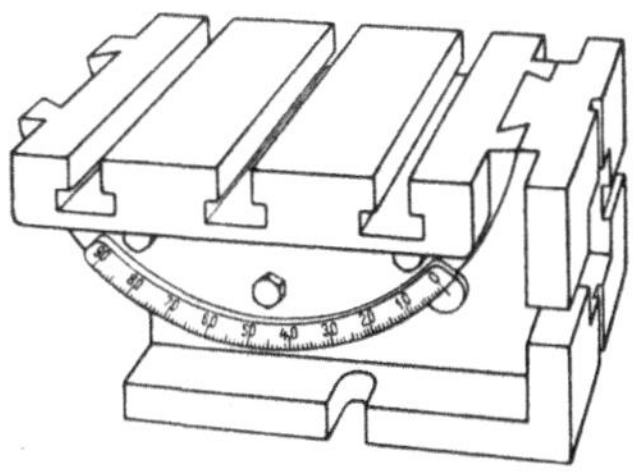
Abb. 132. Verstellbarer Spannwinkel (Loewe-Gesfürel).

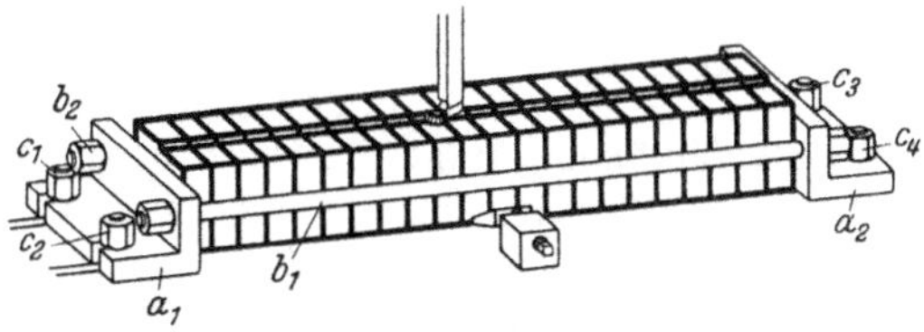

Abb. 133. Spannwinkel bei der Blockspannung.
a_1, a_2 Spannwinkel, b_1, b_2 Spannschrauben, c_1 bis c_4 Spannschrauben für die Winkel.
Abb. 131 bis 133. Aufspannwinkel und Anwendungsarten.

41. Aufspannwinkel (Abb. 131 u. 132). Diese Hilfsspannmittel dienen hauptsächlich dazu, bei bestimmten Arbeiten das Werkstück schnell und genau auf der Maschine bestimmen zu können, ohne es auf umständliche Art ausrichten zu müssen. Am häufigsten kommt das für bearbeitete Werkstücke vor, die man so aufspannen muß, daß die bereits bearbeitete Fläche in einem rechten oder einem bestimmten andern Winkel zum Tisch liegt. Das würde sehr viel Mühe machen, wenn man das Werkstück unmittelbar auf den Tisch spannen wollte und es könnte sich auch sehr leicht beim Bearbeiten verziehen, ohne daß man das gleich bemerkte. Man schafft darum durch den Winkel erst eine besondere Aufspannfläche. Diese Winkel müssen sehr genau hergestellt sein und ihre Form muß es leicht machen, sowohl sie selbst wie die Werkstücke aufzuspannen. Sehr praktisch und vielseitig sind die verstellbaren Winkel Abb. 132, die sich durch eine Gradskala in beliebiger Neigung einstellen lassen.

Für Reihenspannungen solcher Werkstücke, die sich zu einem Block vereinigen lassen, werden zwei gleiche Aufspannwinkel verwendet, Abb. 133: Zwischen den beiden Winkeln a_1 und a_2 sind eine größere Anzahl Werkstücke in Plattenform durch die Schrauben b_1 und b_2 fest zusammengespannt. Durch die Schrauben c_1 bis c_4 sind Winkel und Maschinentisch miteinander verbunden. Damit der Werkstückblock in der Mitte sich nicht federnd abheben kann, sind noch Spannkloben angesetzt, die später noch besprochen werden.

Auf Flächenschleifmaschinen verwendet man auch unter Benutzung von Magnetfuttern genau rechtwinkig gearbeitete Parallelklötze oder Kästen, die man zusammen mit dem Werkstück elektromagnetisch und dann selbst miteinander durch ein mechanisches Spannmittel leicht verbindet, Abb. 134. Das Werkstück ist flach an beiden Seiten ohne Hilfsmittel auf dem Magnettisch geschliffen worden und wird nun unter Benutzung eines Parallelkastens und einer Schraubzwinge hochkant und genau rechtwinklig zu den Seiten geschliffen.

Im allgemeinen verwendet man die gewöhnlichen Aufspannwinkel auch auf Drehbänken, wenn man Werkstücke drehen oder ausbohren muß, bei denen bereits eine gerade Ausgangsfläche vorhanden ist, die rechtwinklig zur Planscheibe liegen soll. Praktischer sind aber Winkel, die besonders für diese Zwecke hergestellt sind, wie Abb. 135, der auf eine klobenlose Planscheibe aufgespannt ist. Dadurch, daß die Werkstückaufspannfläche nach innen gerichtet ist, wird das Gewicht des Winkels viel günstiger verteilt als bei einem gewöhnlichen Winkel. Die durchgehende Spannut erleichtert sehr das Aufspannen des Werkstückes. Einen auf derselben Planscheibe zu benutzenden

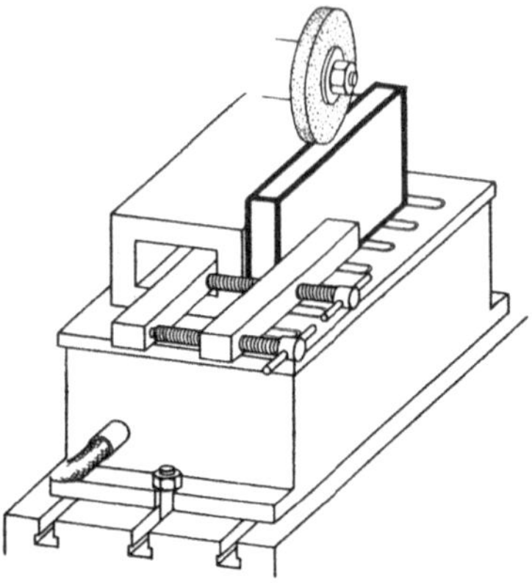

Abb. 134. Parallelkasten als Anspannwinkel auf der Schleifmaschine.

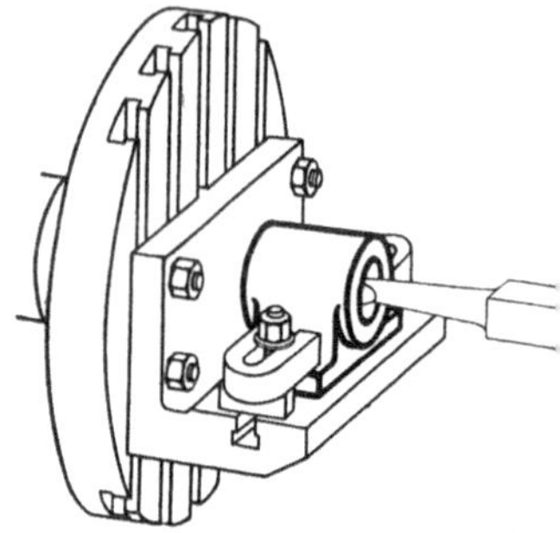

Abb. 135. Aufspannwinkel auf der Drehbank.

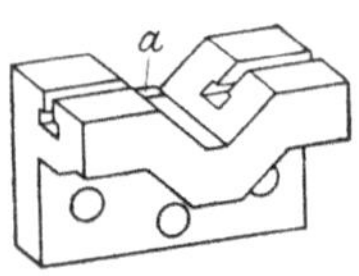

Abb. 136. *a* Zentrierleiste.

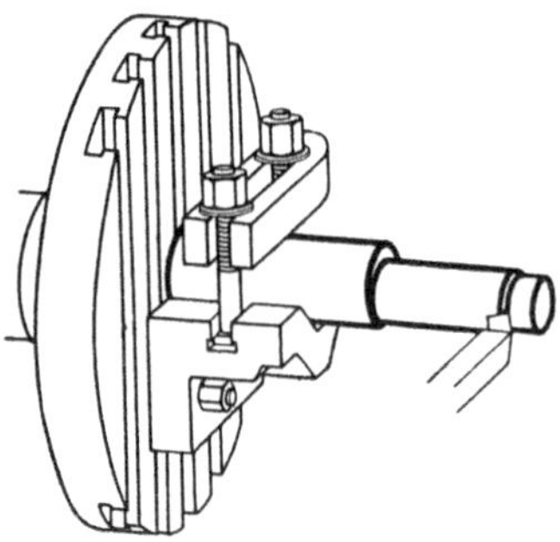

Abb. 137.

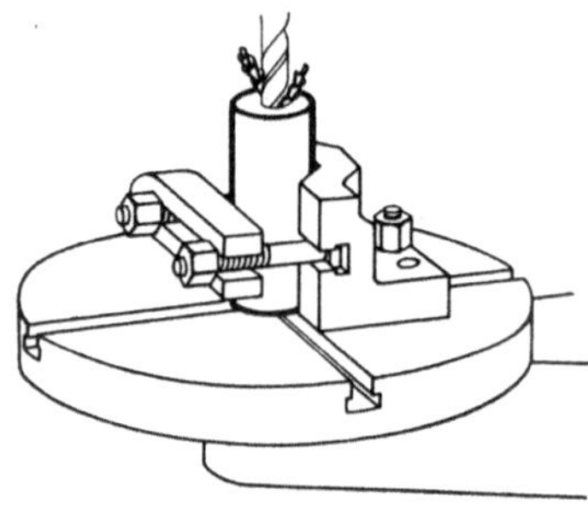

Abb. 138.

Prismenspannwinkel und Anwendungsarten.

sehr praktischen Zentrierwinkel mit prismatischem Einschnitt zeigt Abb. 136. Die Zentrierleiste *a* ermöglicht es, ihn schnell und genau zur Mitte aufzuspannen. In Abb. 137 dient der Winkel zum Drehen von Exzenterzapfen. Auch auf andern Maschinenarten, besonders Bohrmaschinen, leistet er gute Dienste (Abb. 138).

Oft dienen die 90°-Winkel als Anschlag für Werkstücke, die quer zur Längsrichtung aufgespannt werden müssen. Besser dafür geeignet sind die sogenannten Spannkreuze, Abb. 139. Führungsleiste *a* gibt beim Aufspannen der Anschlagleiste *b* selbsttätig die genaue rechtwinklige Lage zu den Tischkanten. Gegen diese Anschlagleiste wird das Werkstück beim Aufspannen angeschlagen und dadurch nicht nur recht-

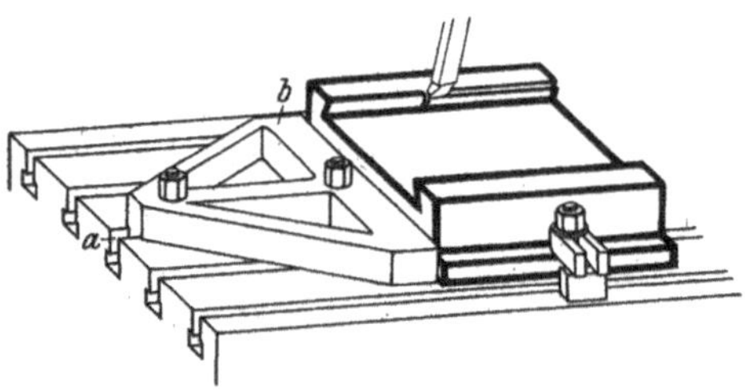

Abb. 139. Spannkreuz. *a* Führungsleiste, *b* Anschlagleiste.

winklig zur Tischkante bestimmt, sondern auch gegen ein Verziehen durch die Schnittkräfte gesichert.

42. Kloben. Die in Abb. 140÷145 in verschiedenen Formen dargestellten Spannkloben dienen entweder zur Sicherung aufgespannter Werkstücke oder als selbständige Spannmittel. Für diesen Zweck eignen sich besonders die Gabelspannkloben Abb. 145, die in vielen Fällen wesentlich bessere Dienste leisten als Maschinenschraubstöcke (siehe auch Abb. 176 S. 50). Festgespannt werden in der Regel nur die schweren und hohen Spannkloben nach Abb. 140 und die als selbständiges Spannmittel verwendeten Gabelspannkloben nach Abb. 145. Die kleineren Kloben werden nur in die Spannut des Tisches gesteckt (Abb. 141). Besser ist die Form nach Abb. 142, die in die Spannut des Tisches eingehakt oder nach Abb. 143, die mit einer Riegelschraube festgeschraubt wird. Kloben mit runden Zapfen (Abb. 144) werden auf solchen Maschinentischen verwendet, die auch Spannlöcher haben, in die sie einfach hineingesteckt werden.

Abb. 140.

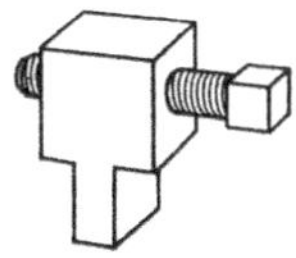
Abb. 141.

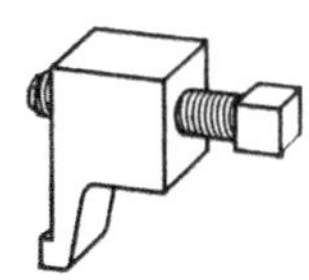
Abb. 142.

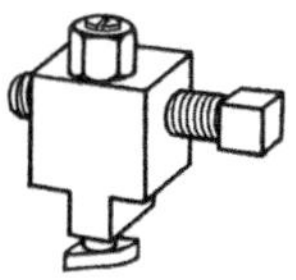
Abb. 143.

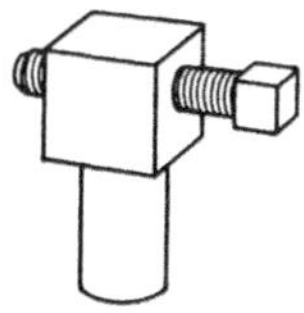
Abb. 144.

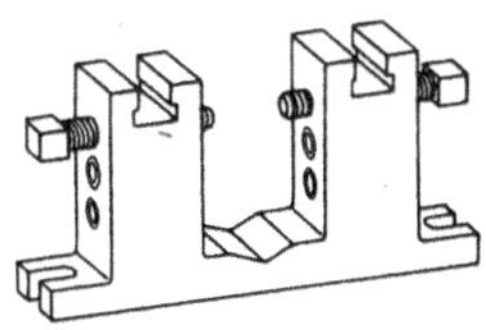
Abb. 145.

Abb. 141 bis 146. Spannkloben.

In dem Beispiel Abb. 146 sind die Spannkloben a_1 und a_2 dazu verwendet, um ein größeres durch Spanneisen gespanntes Werkstück beim Fräsen in seiner Lage zu sichern. Im Beispiel Abb. 147 wird durch die hohen Spannkloben a_1 und a_2 zunächst auch der gleiche Zweck erfüllt, jedoch wird dadurch, daß die Schrauben

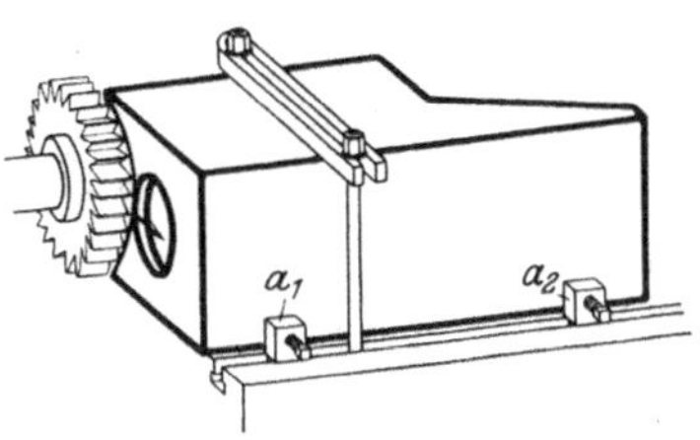

Abb. 146. a_1, a_2 niedrige Kloben.

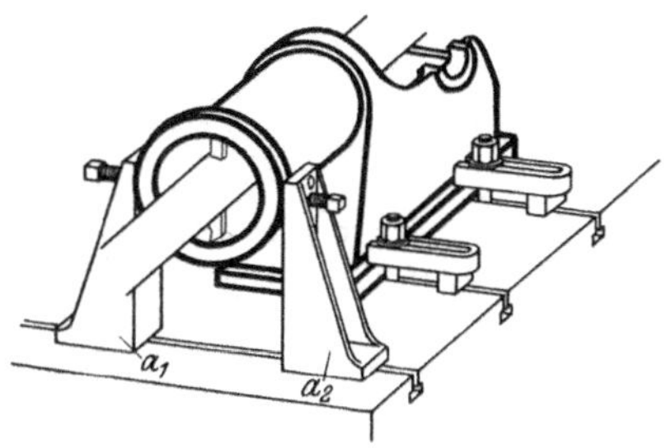

Abb. 147. a_1, a_2 hohe Kloben.

Anwendungsarten der Spannkloben.

der Kloben an dem zu bearbeitenden sperrigen Teil des Werkstückes angreifen, verhütet, daß dieses unter den Schnittkräften durchfedert und in Schwingungen kommt.

Als selbständiges Spannmittel werden die niedrigen Spannkloben in Verbindung mit entsprechenden Hilfsmitteln zum Festspannen leistenförmiger Werkstücke verwendet. Hilfsmittel dazu sind Anschlagkloben und Druckstücke. Für Flachspannungen sind die Anschlagkloben nach Abb. 148 am zweckmäßigsten, deren Druckspitze unter dem Spanndruck federnd nach unten in Richtung eines Kreisbogens ausweicht und das Werkstück auf den Tisch drückt. Abb. 149 sind Anschlagkloben für Winkelspannungen. Damit das Werkstück fest anliegt und genau rechtwinklig zum Tisch bestimmt wird, sind die Anschlagflächen ausgespart bzw. genau rechtwinklig zur Grundfläche gearbeitet. In Abb. 150 und 151 sind linealförmige Werkstücke zum Hobeln aufgespannt. Bei der Flachspannung Abb. 150 ist die Tischfläche Bestimmungsebene, weshalb es darauf ankommt, daß das Werkstück überall gleichmäßig nach unten gedrückt wird. Bei der Hochkant- oder Winkelspannung (Abb. 151) wird die Bestimmungsebene durch die Stirnfläche der Anschlagkloben gebildet, gegen die das Werkstück gleichmäßig gedrückt werden muß. Gleichzeitig muß es aber auch nach unten gedrückt werden, daß es den Tisch mindestens in einer Linie berührt. In jedem Falle muß also der Druck der waagerechten Spannschraube schräg nach unten umgelenkt werden. Das geschieht dadurch, daß zwischen Werkstück und Spannschraube ein keilförmiges Druckstück so gesetzt wird, daß die abgestumpfte Schneide etwas nach unten geneigt ist. Durch den Spanndruck wird diese Neigung verschärft, denn die Schneide

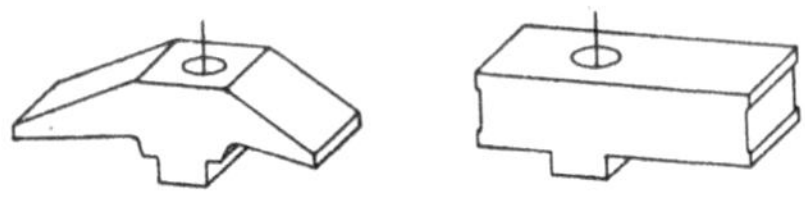

Abb. 148. Abb. 149.
Anschlagkloben.

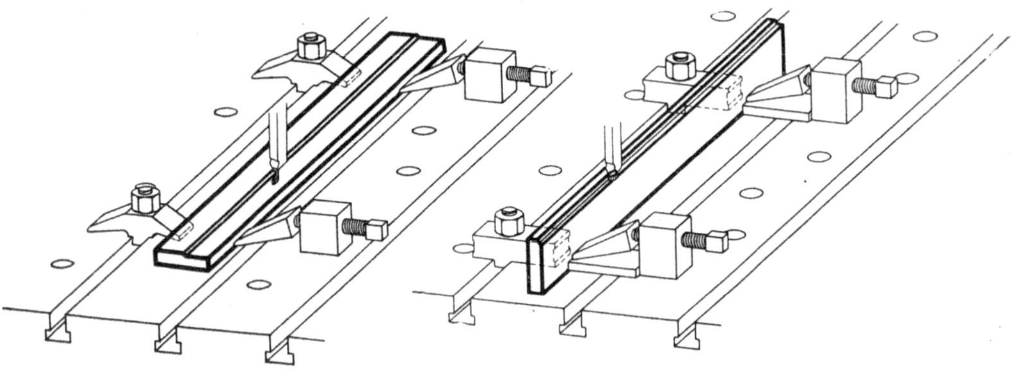

Abb. 150. Abb. 151.
Aufspannungen mit Hilfe von Anschlagkloben, Spannkloben und Druckstücken.

hat das Bestreben, noch weiter nach unten auszuweichen. Gleichzeitig entsteht aber auch ein schräger Gegendruck auf die Spannschraube, der diese abzubiegen versucht. Damit das Biegungsmoment in mäßigen Grenzen bleibt, darf die Schraube nur wenig durch den Kloben hindurch geschraubt werden. Um verschieden breite Werkstücke spannen zu können, müssen demnach Druckstücke in verschiedenen Längen zur Verfügung stehen. Die Schraubenenden sind halbrundförmig in die Druckstücke eingelassen, um ein Abgleiten zu verhindern. Die Anschlagkloben, die doppelseitig benutzt werden können, haben verschieden lange Schenkel, um zu verhindern, daß sich die Vorderkante des Werkstückes über der Spannut befindet, so daß sie gegebenenfalls durch Umdrehen der Kloben überbrückt werden kann. Der Unterschied zwischen beiden Schenkellängen muß also mindestens gleich der Breite der Spannut sein. Bei der Hochkantspannung Abb. 151 sind etwas höhere Spannkloben und ferner Unterlagen für die Druckstücke verwendet, damit Werkstück und Anschlagkloben den Spanndruck nicht ganz unten bekommen.

Bei den obigen Spannverfahren ist noch folgende Eigentümlichkeit beachtenswert: Das lose auf den Maschinentisch gelegte Werkstück wird sich beim Spannen an den Spannstellen nicht mehr nach unten bewegen wie das geneigte Ende des Druckstückes. Liegt das Werkstück schon vor dem Spannen, ebenso wie das Druckstück, auf dem Tisch auf, so drücken beim Zuspannen beide Teile mit gleicher Kraft auf den Tisch. Ist aber an der Spannstelle ein Hohlraum zwischen Werkstück und Tisch, was bei einem rohen Werkstück wahrscheinlich ist, so verringert sich der Abstand zwischen Werkstück und Tisch nur um soviel, wie das Druckstück nach unten rückt. Da das aber nur ganz wenig ist, so wird der Hohlraum bestehen bleiben. Das ist in der Regel erwünscht, denn im andern Falle würde das Werkstück verspannt werden, und nach dem Abspannen, wenn es seine ursprüngliche Form wieder angenommen hat, wäre die bearbeitete Fläche nicht gerade. Bei sehr schwachen Werkstücken, die unter dem Bearbeitungsdruck nachgeben könnten, müssen die Spannkloben jedoch sehr dicht beieinander gesetzt werden. Ist die Anschlagkante des Werkstückes noch roh und daher nicht gradlinig, so kann man nur an beiden Enden je einen festen Anschlagkloben verwenden, muß dagegen dazwischen Kloben mit Schraube (Spannkloben) ansetzen. Es kommt aber vor, daß ein hohl aufliegendes Werkstück fest auf den Tisch gedrückt werden muß. Das erreicht man dadurch, daß man unter die Zunge des Anschlagklobens bzw. des Druckstückes elastische Unterlagen, weiches Leder oder Gummi, legt, die sich beim Zuspannen zusammendrücken.

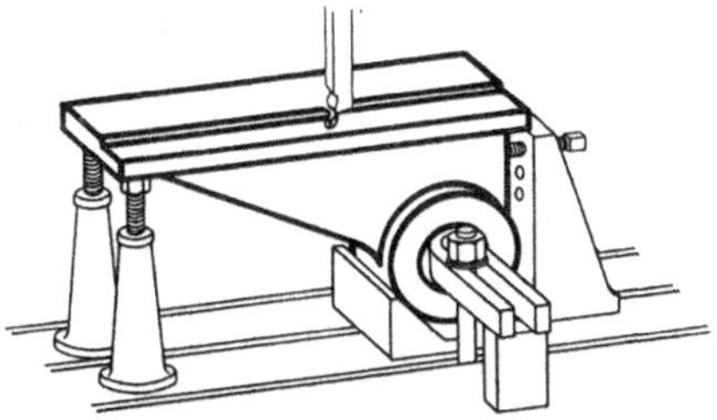

Abb. 152.

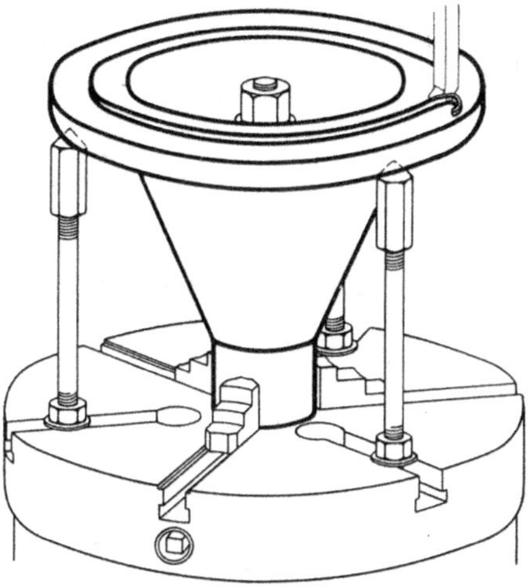

Abb. 153.

Abb. 152 und 153. Schraubenstützen in Anwendung bei Rund- und Langbearbeitung.

43. Schraubenstützen. Sie werden allgemein in verschiedenen Höhen zum Unterstützen und Ausrichten sperriger Werkstücke verwendet. Abb. 152 ist ein Beispiel für die Hobelmaschine: Der mit Spanneisen auf einer prismatischen Unterlage gespannte Lagerblock wird an dem freien Ende durch zwei Schraubenstützen unterstützt, die auch das Ausrichten nach dem Vorriß sehr vereinfachen. Zu beachten ist die richtige Hobelrichtung; denn die Spannung ist nur dann vollkommen zuverlässig, wenn der Stahl in der angedeuteten Richtung schneidet. Umgekehrt aufgespannt wären die Schraubenstützen vollkommen zwecklos, denn das Werkstück würde sich von ihnen federnd abheben, wenn nicht ganz hochgerissen werden (siehe Abschnitt 50).

Bei der Rundbearbeitung ist es wegen auftretender Fliehkräfte besser, Schraubenstützen zu verwenden, die auf einfache Art am Spannmittel befestigt werden können. In dem Beispiel Abb. 153 ist auf der Karussell-Drehbank das Werkstück mit dem schwächeren Teil in ein Dreibackenfutter gespannt, außerdem noch mit einer Schraube durch die Maschinenspindel hindurch axial. Die zum

Drehen des Flansches erforderliche Starrheit erhält das Werkstück aber erst durch die drei Schraubenstützen, mit denen der Flansch auch ausgerichtet wird.

In manchen Fällen muß man Werkstücke auch mit schrägen Stützen absteifen, wozu man die gewöhnlichen Schraubenstützen nicht verwenden kann. In Ermangelung geeigneterer Hilfsmittel werden dann meistens gewöhnliche Spannschrauben benutzt, deren Mutter man über das Schraubenende hinaus gegen das Werkstück schraubt. Wie man aber häufig beobachten kann, gelingt das immer erst nach mehr oder weniger Mißerfolgen, und auch dann noch nicht einwandfrei. Durch die Bearbeitungserschütterungen werden derartige Stützen bald wieder locker und fallen um. Sehr viel Zeit wird durch geeignete Sonderstützen erspart. Eine vielseitige, mehrteilige Ausführungsform zeigen Abb. 154 und 155. Der aufschraubbare Gelenkfuß *a* mit einer Gelenkschraube *b* mit Linksgewinde wird in jedem Falle verwendet, ebenso die Spannmutter *c* mit Rechts- und Linksgewinde. Spannschrauben *d* mit Rechtsgewinde, mit abgerundeter, aufgerauhter, gehärteter Spitze müssen in verschiedenen Längen vorhanden sein, außerdem für besondere Fälle noch aufsteckbare Druckstücke *e* mit prismatischem Einschnitt (Abb. 154). Mit diesen Hilfsmitteln, die in vielen Werkstätten unbekannt sind, kann man in jedem Falle schnell und sicher zum Ziele kommen. In dem Beispiel Abb. 156 ist das Werkstück auf der Hobelmaschine auf einem prismatischen Untersatz mit Spanneisen gespannt. Diese Spannung allein könnte nicht verhindern, daß sich das Werkstück durch den Bearbeitungsdruck verzöge und sich nach links oder rechts neigte. Gerade Schraubenstützen lassen sich aber

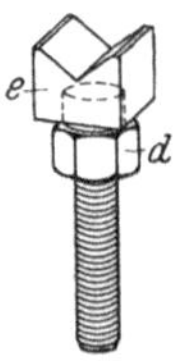

Abb. 154.

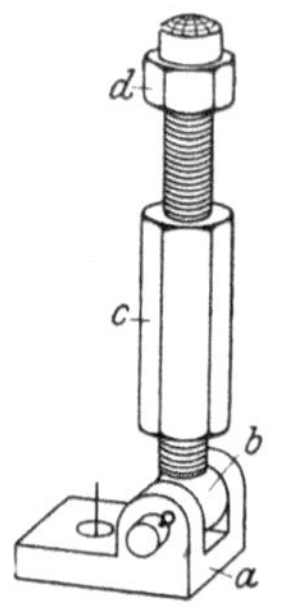

Abb. 155.

Abb. 154 und 155. Mehrteilige Schrägschraubenstützen.
a Gelenkfuß, *b* Gelenkschraube, *c* Mutter mit Rechts- und Linksgewinde, *d* Spannschraube, *e* Druckstück.

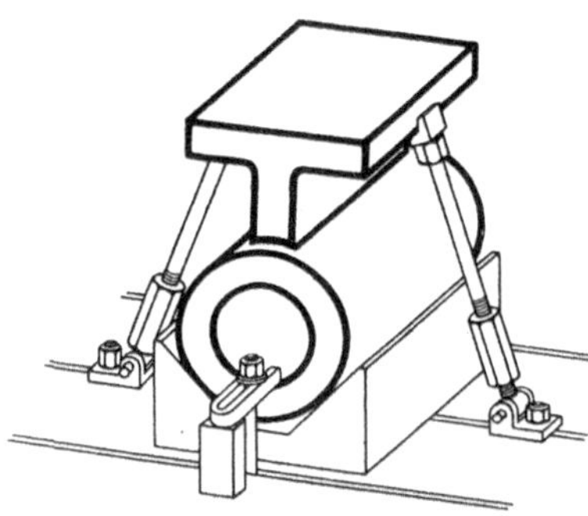

Abb. 156.

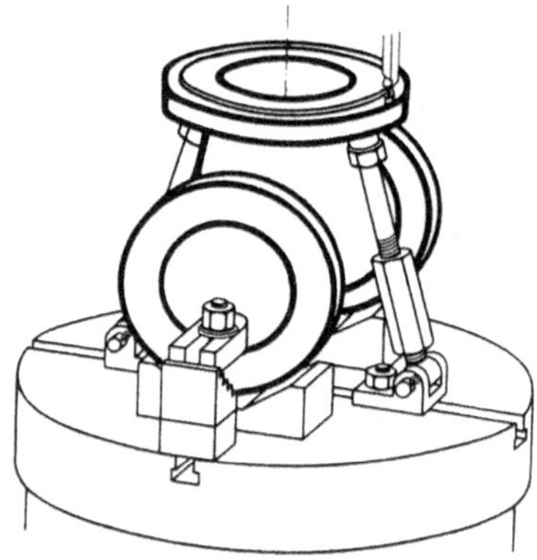

Abb. 157.

Mehrteilige Schrägschraubenstützen in Anwendung bei der Rund- und Langbearbeitung.

nicht unter die Flanschen setzen, da sie durch das Werkstück behindert werden. Es sind daher die erwähnten Schrägstützen angewendet, deren prismatische Druckstücke an den Werkstückkanten unmöglich abgleiten können. Die Spannung ist also unbedingt sicher.

Ein weiteres Anwendungsbeispiel auf einer Karussell-Drehbank zeigt Abb. 157: Das Werkstück, ein Ventilkörper, ist zentrisch auf prismatischen Untersätzen gespannt, die eine Mittelebene der unteren Flanschen selbsttätig festlegen. Der obere Flansch muß ausgerichtet werden. Dafür und auch um dem Werkstück die erforderliche Starrheit beim Bearbeiten des Flansches zu geben, sind zwei Schrägstützen auf der Planscheibe befestigt worden. Die abgerundeten Druckspitzen der Schrauben greifen unmittelbar unter den Flanschecken an, wo sie einen sicheren Halt gegen das Abgleiten finden.

V. Besondere Spannarbeiten und Spannmittel.

Die allgemeinen Spannmittel sind möglichst erschöpfend behandelt worden, da man mit ihnen dank ihrer Vielseitigkeit wohl immer auskommen kann. Nur in ganz besonderen Fällen wird das nicht möglich und man gezwungen sein, um das Werkstück überhaupt oder doch wirtschaftlich spannen zu können, besondere Spannmittel anzufertigen. Es kann sich dabei um einzelne Sonderfälle handeln, bei denen das Spannmittel nach Gebrauch anderweitig nicht mehr verwendet und daher verschrottet werden kann. Dann wird es nur behelfsmäßig ausgeführt. Handelt es sich aber um Werkstücke einer bestimmten Gattung mit gleichen Merkmalen, so wird man diese Spannmittel natürlich so durchzubilden versuchen, daß sie allgemein innerhalb der betreffenden Werkstückgattung verwendet werden können und auch wirtschaftlichen Anforderungen genügen. Im nachfolgenden soll auf einige solche Fälle näher eingegangen werden.

44. Aufspannen von Kurbelwellen. Zum Drehen der Kurbelwellenzapfen werden in neuerer Zeit hauptsächlich Sonderdrehbänke verwendet, auf denen die Wellen ohne weiteres sachgemäß aufgespannt werden können. Vielfach werden aber Kurbelwellenzapfen, besonders die kleinerer Wellen, auf gewöhnlichen Drehbänken bearbeitet, wozu dann besondere Spann- und Hilfsspannmittel erforderlich sind. Von diesen hängt es nun ab, ob genau und auch schnell gearbeitet werden kann. Zum Drehen der Zapfen kann man die Wellen auf zwei grundsätzlich verschiedene Arten aufspannen: Entweder man bereitet die Welle so vor, daß man sie zwischen den Spitzen wie eine gewöhnliche Welle einspannen kann, also axial, oder man spannt sie radial fest und bearbeitet sie fliegend. Zur Unterstützung kann dann auch noch, falls es erforderlich erscheint, die Reitstockkörnerspitze verwendet werden. Das erste Verfahren wird am häufigsten angewendet, denn die erforderliche Einrichtung ist schnell und billig zu beschaffen. Trotzdem ist dieses Verfahren für die Fertigung unwirtschaftlicher. Jedoch ist es wieder in jedem Falle, sowohl bei ein- und mehrhübigen wie bei den kleinsten und größten Wellen anwendbar. Weniger gut ist das Verfahren besonders bei langen Wellen deshalb, weil diese in der Mitte nicht unterstützt werden können und darum so durchfedern, daß eine größere Zerspanungsleistung nicht möglich ist.

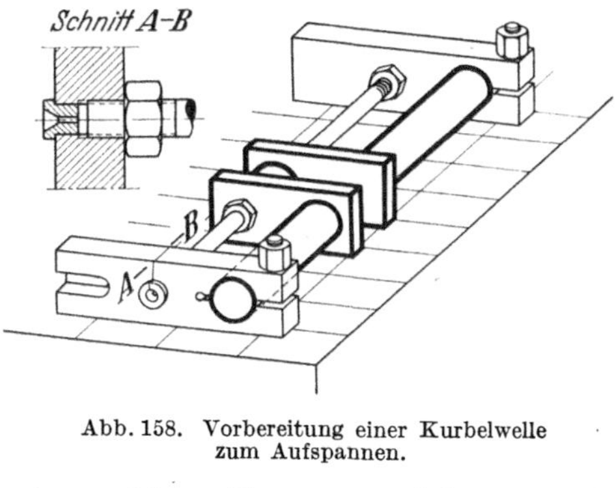

Abb. 158. Vorbereitung einer Kurbelwelle zum Aufspannen.

In Abb. 158 ist die Vorbereitung einer einhübigen Welle zum Drehen zwischen den Körnerspitzen dargestellt: Auf beide Enden der Welle wird je ein Hubstück aufgeklemmt, das eine gehärtete Körnerbuchse enthält. Beide Hubstücke müssen in den unteren Auflageflächen, den Körnerbuchsen und den Klemmbohrungen genau übereinstimmen, damit man sie schnell und genau aufspannen kann, indem man sie beim Festklemmen auf eine gerade Platte auflegt. Da auf die Welle in axialer Richtung beim Einspannen ein Druck ausgeübt wird, so muß sie noch entsprechend versteift werden, wozu Schraubenstützen verwendet sind. Abb. 159 zeigt die zum Drehen aufgespannte Welle. Bei Wellen mit mehreren, in verschiedenen Winkeln zueinander versetzten Hüben verwendet man runde Hubscheiben (Abb. 160 und 161).

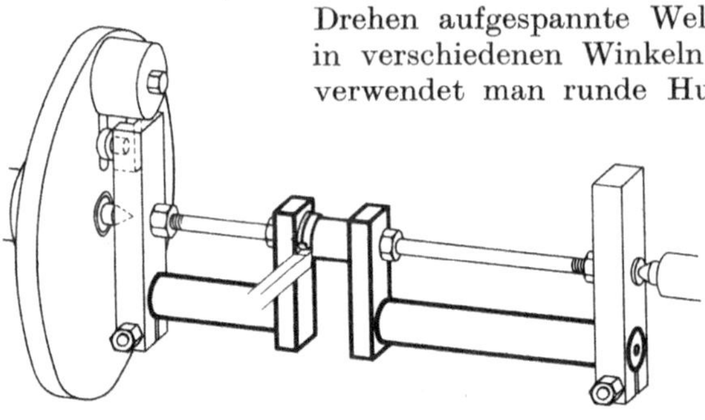

Abb. 159. Aufgespannte Kurbelwelle zum Drehen des Kurbelzapfens.

Das zweite Verfahren ist nur anwendbar bei kleineren und ein- bis höchstens zweihübigen Wellen und erfordert in der Regel eine teuere Spanneinrichtung. Daß aber auch gewöhnliche Spannmittel verwendet werden können, was allerdings nur für ganz kurze Wellen in Frage kommt, zeigt Abb. 162. Es sind die gleichen Spannmittel wie in Abb. 137 zum Drehen von Exzenterzapfen. Die Einstellung der Hubhöhe mag wohl etwas schwierig sein, durch Einbau einer Schraubenspindel zur Feineinstellung kann die Einrichtung aber sehr vervollkommnet werden. Eine besondere Spanneinrichtung für längere Wellen, verstellbar und daher für Wellen mit verschiedenen Abmessungen verwendbar, ist in

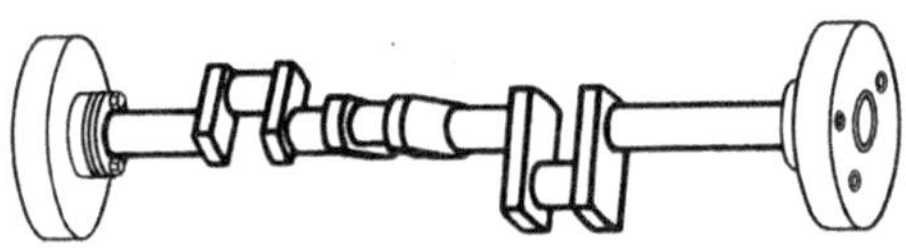

Abb. 160.

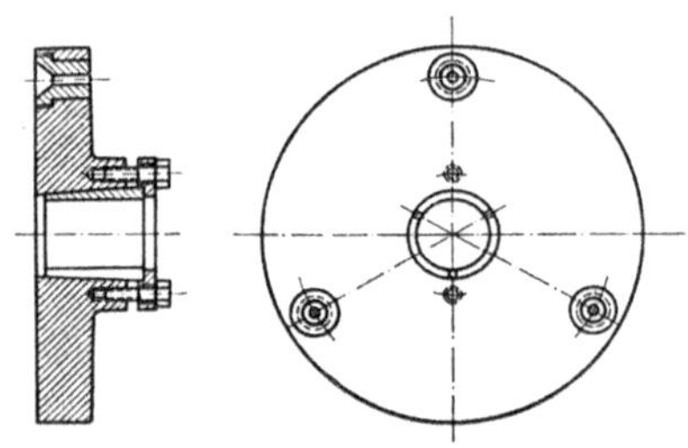

Abb. 161.

Hubscheiben für mehrhübige Kurbelwellen.

Abb. 163 gezeigt. Auf der klobenlosen Planscheibe *a* ist der gabelförmige Körper *b* fest aufgeschraubt, der bei b_1 in eine runde Lagerstelle ausläuft und hier in einem Stützlager *c* geführt wird. In der Gabelöffnung von *b* ist der Prismenwinkel *d* radial auf der Planscheibe beweglich angeordnet und kann durch Schraubenspindel *e* verstellt werden. Die Spanneisen *f* und f_1 dienen zum Festspannen der Kurbelwellen und die Schrauben *g* und g_1 zum Festklemmen des Prismenwinkels während der Bearbeitung des Kurbelzapfens. Dadurch, daß die Welle dicht am Zapfen gespannt ist, wird eine große Zerspannungsleistung möglich und gegenüber dem ersten Verfahren sehr viel Herstellungszeit erspart. Eine derart eingerichtete Drehbank kann durchaus in Wettbewerb mit einer Sonderdrehbank treten. Auch zum Drehen zweihübiger Wellen kann diese Einrichtung verwendet werden, indem man nach Fertigstellung des ersten Zapfens die Welle umdreht und am andern Ende einspannt. Ist das zweite Ende zum Einspannen zu kurz, so kann man auch beide Zapfen in einer

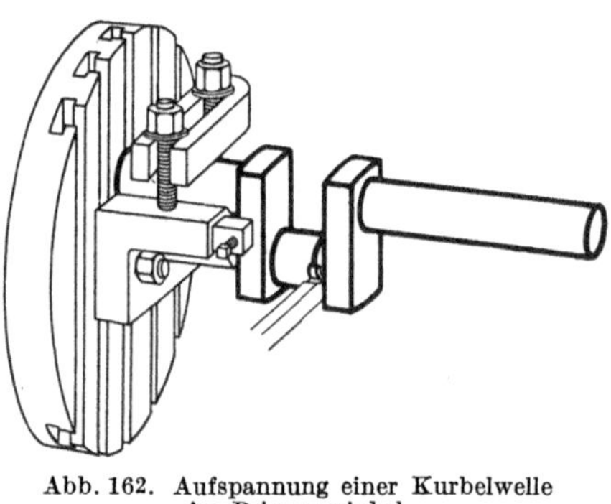

Abb. 162. Aufspannung einer Kurbelwelle im Prismenwinkel.

Aufspannung aber mit Unterstützung der Reitstockkörnerspitze drehen. Nach Fertigstellung des ersten Zapfens wird die Welle gelöst und um den entsprechenden Winkel herumgedreht. Sind Wellen in größeren Stückzahlen von gleichen Abmessungen zu drehen, so ist zu prüfen, ob nicht eine Spannvorrichtung nach Abb. 164 mit unveränderlicher Hubhöhe zweckmäßiger wäre, denn es scheiden dabei unbedingt Fehler beim Einstellen der Hubhöhe aus. Der Vorrichtungskörper ist mit zwei Bohrungen für zwei verschiedene Hubhöhen versehen.

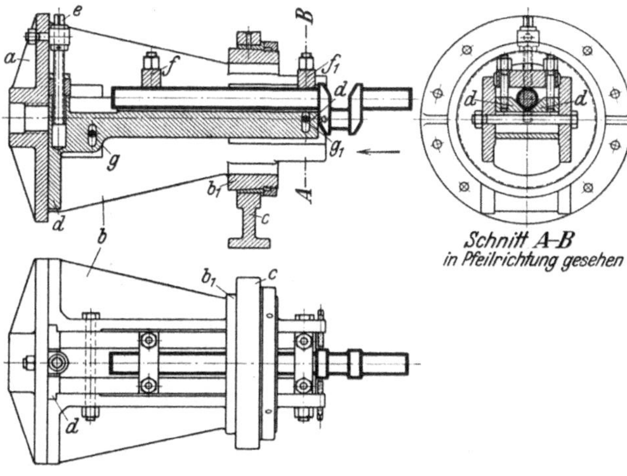

Abb. 163. Verstellbares Spannfutter für Kurbelwellen.
a Planscheibe, *b* Aufnahmekörper, b_1 Lagerstelle, *c* Stützlager, *d* Spannprisma, *e* Stellspindel, *f* f_1 Spanneisen, *g* g_1 Schrauben.

45. Besondere Spannmittel für Bohrmaschinen. Um auf Bohrmaschinen Löcher schnell und genau bohren zu können, muß das Werkzeug, Bohrer oder Senker, durch ein besonderes Hilfsmittel geführt werden. In der Vielfertigung werden daher auf der Bohrmaschine nur Bohrspannvorrichtungen verwendet, in der Einzelfertigung, wo die Anfertigung derartiger Sondervorrichtungen nicht lohnt, bohrt man daher in der Regel nur solche Löcher auf der Senkrechtbohrmaschine, bei denen es auf eine größere Genauigkeit nicht ankommt, also hauptsächlich Schraubenlöcher. Für bestimmte Arten von Bohrarbeiten kann man die allgemeinen Spannmittel jedoch so ausbilden, daß man auch den Bohrer führen und somit genaue Bohrarbeiten schnell ausführen kann, für die sonst nur eine andere Maschine, Drehbank oder Waagerechtbohrwerk, in Frage käme. Derartige Arbeiten sind das Bohren von Wellen sowohl in der Längs- als auch in der Querrichtung (Abb. 165 und 166). Ein sehr einfaches Verfahren zum Bohren in der Querrichtung zeigt Abb. 167. Das obere Spannprisma *a* ist genau zur Mitte der prismatischen Vertiefung mit einer auswechselbaren Bohrbuchse versehen, so daß man die damit festgespannte Welle ohne weiteres genau durch die Mitte durchbohren oder anbohren kann. Das Spannprisma muß mit einer Wasserwaage genau waagerecht ausgerichtet werden, was durch die Gegenschraube *b* erleichtert wird. Durch die Punktauflage des Spannprismas auf der Unterlage *c* wird auch eine gute Auflage auf dem Werkstück erzielt, das für dieses Verfahren zylindrisch bearbeitet sein

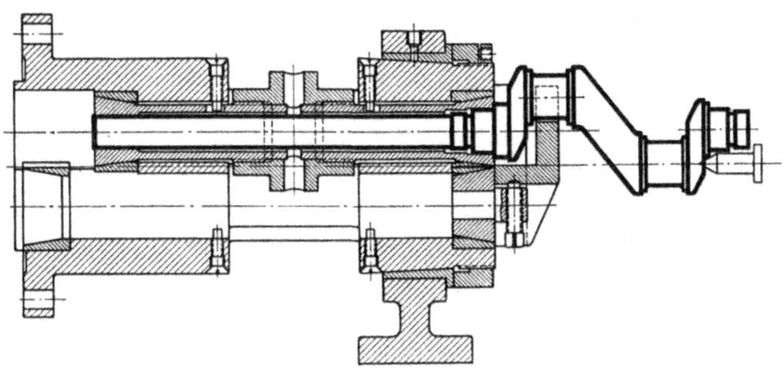

Abb. 164. Sonderspannfutter für Kurbelwellen.

muß. Wollte man das gleiche Verfahren zum Bohren roher Wellen anwenden, so müßte man statt einer Schraube zwei haben, um das Spannprisma auch in der andern Richtung nach der Waage ausrichten zu können. Bei rohen Arbeiten würde es jedoch auch bereits genügen, der Bohrbuchse etwas mehr Spiel zu geben, damit der Bohrer nicht beschädigt werden kann, auch wenn das Spannprisma etwas verkantet sein sollte. Ist eine größere Anzahl Werkstücke gleicher Art zu bohren, so muß noch ein Anschlag zur Bestimmung der Lochentfernung vorgesehen werden, indem ein fester Eisenklotz oder noch besser ein Spannkloben auf den Maschinentisch in entsprechender Entfernung vom Bohrer aufgespannt wird.

Eine vollkommenere Einrichtung, die sich auch zum zentrischen Bohren von Wellen in der Längsrichtung eignet, zeigt Abb. 168. Das Spannelement ist ein als Bock ausgebildeter senkrechter Zentrierschraubstock. Die Spannbacken a_1 und a_2 haben je zwei verschieden tiefe, prismatische Einschnitte in waagerechter Richtung und je einen in senkrechter. Man kann also zylindrische Werkstücke sowohl waagerecht als auch senkrecht einspannen. Der Spannbereich kann dadurch verändert werden, daß man die Backen umdrehen und entweder mit den tiefen oder den flachen Prismenausschnitten in waagerechter Richtung spannen kann. In senkrechter Richtung können zur Veränderung des Spannbereichs prismatische Zwischenstücke (b) eingelegt werden. Zur Führung des Bohrers ist genau fluchtend mit der Zentrierachse der Backen die auswechselbare Bohrbuchse c mit dem Halter d über dem Schraubstock angeordnet. Als Anschlag für das Werkstück beim Bohren in waagerechter Richtung ist ein verstellbarer Kloben vorgesehen. Eine Millimeterskala ermöglicht es, den Kloben auf eine bestimmte Bohrlochentfernung einzustellen.

Abb. 165.

Abb. 166.

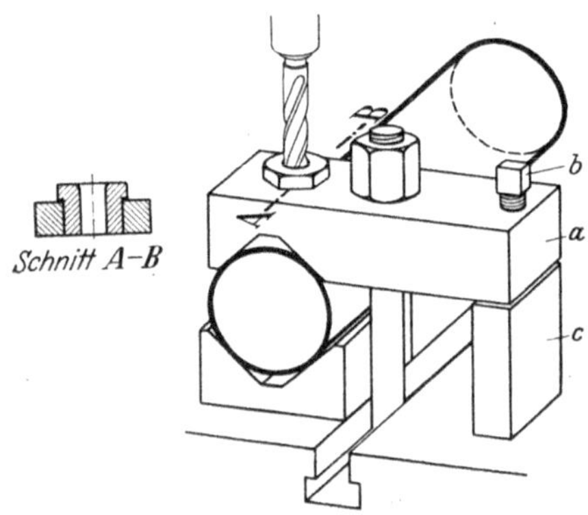

Abb. 167.
a Spannprisma, *b* Gegenschraube, *c* Unterlage.

Abb. 165 bis 167. Bohren mit behelfsmäßigen Spanneinrichtungen.

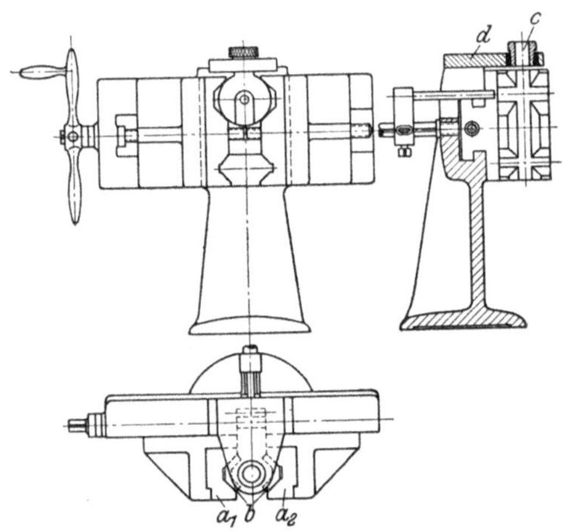

Abb. 168. Bohrspannschraubstock.
a_1 a_2 Spannbacken, *b* Zwischenstücke, *c* Bohrbuchse, *d* Halter.

Eine ganz behelfsmäßige Einrichtung zum Bohren sehr schwieriger Löcher ist in Abb. 169 und 170 dargestellt. Einen Rundkörper einseitig auf der Bohrmaschine zu durchbohren oder auch nur anzubohren, ist mit ungeführtem Bohrer kaum oder nur sehr schwer möglich, da der Bohrer auf der abfallenden Fläche verläuft. Der Bohrer muß also zwangsläufig geführt und allein aus diesem Grunde, ohne Rücksicht auf die Stückzahlen, eine Bohrvorrichtung angefertigt werden. Die dargestellte behelfsmäßige Einrichtung ersetzt aber die teure Sondervorrichtung, wenn es sich nur um eine Einzelanfertigung oder um geringe Stückzahlen handelt und besondere Genauigkeit nicht erforderlich ist. Das zu bohrende Werkstück wird mit einem Spanneisen auf Prismenunterlagen festgespannt. Das Loch wird nun durch das Spanneisen und im gleichen Zuge auch durch das Werkstück gebohrt. Beim Anbohren des Werkstückes kann der Bohrer nicht mehr verlaufen, da er in dem zuerst gebohrten Spanneisenloch geführt wird. Angerissen muß das Loch natürlich auf dem Spanneisen werden und zwar wie in Abb. 170 auf folgende Weise: Gegen die Prismenunterlage wird ein Reißwinkelkasten angeschlagen, so daß dessen senkrechte Anschlagfläche parallel zum Werkstück steht. Ausgehend von dieser Fläche wird nun mit einem Maßklotz von entsprechender Höhe der Längsriß auf dem Spanneisen angetragen. Ebenso wird auch, nach Umschwenken des Reißwinkelkastens um 90°, der Querriß hergestellt. Weiter wird nun wie bei einem gewöhnlichen Werkstück verfahren. Sind mehrere gleiche Werkstücke zu bohren, so wird bei den nächstfolgenden das Spanneisen nach dem bereits gebohrten Führungsloch mit Hilfe des Reißwinkelkastens und dem Maßklotz ausgerichtet. Es wird dann allerdings erforderlich, das Bohrführungsloch im Spanneisen durch Abbrennen zu härten, denn der Verschleiß wäre sonst durch den einseitigen Druck des Bohrers zu groß.

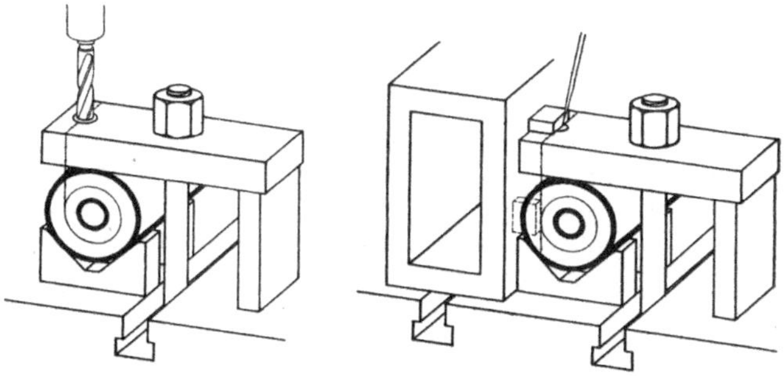

Abb. 169. Abb. 170.
Schwierige Bohrarbeiten mit behelfsmäßigen Einrichtungen.

VI. Fehler beim Spannen.

Fehler machen sich schon am aufgespannten Werkstück, oft aber auch erst später am fertig bearbeiteten Werkstück nachteilig bemerkbar.

46. Verspannungsfehler. Ein sehr übler Fehler, der häufig gemacht wird, ist das Verspannen. Sehr übel darum, weil er in der Regel erst nach dem Abspannen des fertiggestellten Werkstückes, also erst dann erkannt wird, wenn es zu spät ist. Das Werkstück ist dann entweder Ausschuß geworden oder muß im günstigeren Falle nochmals aufgespannt und nachgearbeitet werden. Verspannungsfehler liegen fast immer dann vor, wenn fertig bearbeitete Werkstücke, die vor dem Abspannen noch genau rund, gerade oder eben waren, nach dem Abspannen plötzlich unrund, krumm oder windschief geworden sind. Die Grundursache des Verspannens ist darin zu suchen, daß jedes Werkstück in sich mehr oder weniger elastisch ist und beim Spannen seine ursprüngliche Form durch Einwirkung der Spannkräfte mehr oder weniger verliert. Hört dann nach dem Abspannen der Spanndruck auf, so federt das Werkstück in seine ursprüngliche Form zurück und die bearbeiteten Flächen verziehen sich.

Es ist nicht bei jedem Werkstück einfach oder überhaupt möglich, es mit den vorhandenen Mitteln so zu spannen, daß es nicht verspannt wird. Man hilft sich dann so, daß man vor dem letzten Span die Spannung so weit lockert, daß das Werkstück noch gerade gehalten wird. Man darf dann natürlich nur noch einen sehr feinen Span anstellen, wodurch wieder die Herstellungszeit verlängert wird. Aber auch dann bleiben noch ausmeßbare Verspannungsfehler zurück, die sich später beim Zusammenbau bemerkbar machen und vom Schlosser beseitigt werden müssen. Es wird darum wohl meistens wirtschaftlicher sein, die normalen Spannmittel durch mehr oder weniger behelfsmäßige Einrichtungen so umzugestalten, daß es unmöglich ist, das Werkstück auch bei kräftigstem Zuspannen zu verspannen.

Es darf hier jedoch nicht unerwähnt bleiben, daß das Verspannen nicht immer die Ursache davon ist, daß fertig bearbeitete Werkstücke nach dem Abspannen von der Maschine sich in der Form verändern und gar unbrauchbar werden. Das Werkstück kann sich auch durch eigene innere Spannungen verziehen, die vor der Bearbeitung im Gleichgewicht waren, durch die Bearbeitung jedoch frei geworden sind. Das ist oft der Fall bei gegossenen Teilen, wenn sie vor der Bearbeitung nicht geglüht werden, oder auch bei Werkstücken, die aus gezogenem Werkstoff hergestellt werden. Man bearbeitet Gußstücke aus diesem Grunde daher auch oft in zwei Aufspannungen und zwar schruppt man sie in der ersten Aufspannung nur vor und schlichtet sie in der zweiten. Ist das aus irgend einem Grunde nicht möglich, so muß nach dem Entfernen der äußeren Gußhaut, also nach dem ersten Span, die Spannung noch einmal vollständig gelockert werden, damit sich die im Werkstoff freigewordenen Spannungen ausgleichen können. In der veränderten Form wird dann erneut festgespannt und weiter bearbeitet.

47. Verhütung von Verspannungsfehlern beim Bearbeiten dünnwandiger Buchsen. Es ist nicht gut möglich, Buchsen, besonders aber dünnwandige, mit den vorhandenen Spannmitteln wie Planscheibe, Zentrierfutter oder Schraubstock so aufzuspannen, daß sie zum Bearbeiten fest genug sitzen und dabei nicht verspannt werden. Entweder wird das Werkstück richtig festgespannt, daß es hält, dabei jedoch stark verspannt, oder es wird nur sehr leicht eingespannt und in zulässigen Grenzen verspannt, dafür aber, damit es hält, sehr feinspänig bearbeitet. In Abb. 171÷173 sind übertrieben die drei Stufen der Formveränderung bei der Bearbeitung einer Buchse im Dreibackenfutter, hervorgerufen durch Verspannung bzw. Bearbeitung, dargestellt. Man nimmt größere Verspannungsfehler in der Regel dann in Kauf, wenn das Werkstück hinterher noch geschliffen wird. Handelt es sich dabei um eine Bohrung, so ist das aber grundfalsch, denn das Rundschleifen unrunder Bohrungen kostet ganz wesentlich mehr als das Rundschleifen genau rund vorgearbeiteter. Es ist sogar bei sehr langen Bohrungen, die eine lange Schleifspindel erfordern, überhaupt nicht ohne weiteres möglich, eine stärker unrund vorgearbeitete Bohrung rund zu schleifen. Denn die lange Schleifspindel, die ja doch auch elastisch ist, drückt sich naturgemäß an den engeren Stellen der Bohrung mehr ab als an den weiteren. Nur durch besondere Kniffe ist es dann möglich, die Schleifzeit abzukürzen, und überhaupt eine einwandfreie Bohrung zu erzielen. Das, was man beim Ausbohren durch gröbere Arbeit zu ersparen glaubt, geht vielfach beim Schleifen wieder drauf. Durch das in neuerer Zeit an Stelle des Rundschleifens immer häufiger angewendete „Ziehschleifen“ (Honen) wird es den verantwortlichen Betriebsmännern aber aufs klarste vor Augen geführt, daß Verspannungsfehler überhaupt vorhanden sind und welch erhebliche Mehrkosten durch sie entstehen; denn an den Stellen, wo unmittelbar auf die Zylinderwand ein Spanndruck beim Ausbohren ausgeübt worden ist, greift die Zieh-

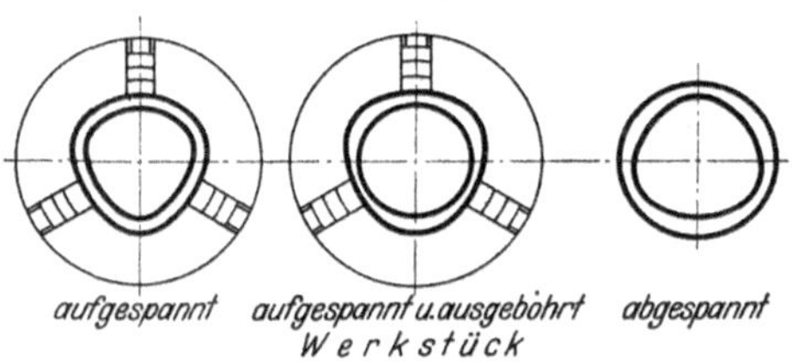

Abb. 171. Abb. 172. Abb. 173.
Abb. 171 bis 173. Drei Stufen der Formveränderung durch Verspannen im Dreibackenfutter.

schleifahle zuerst lange nicht an und es bleiben ungeglättete Stellen in der Zylinderbohrung, wenn diese kein Übermaß erhalten darf. Die mehrfache Zeit erfordert aber das Ziehschleifen, wenn ohne Rücksicht auf ein bestimmtes Bohrungsmaß solange geschliffen werden muß, bis die Bohrung überall gleichmäßig gut geglättet ist. In allen Betrieben, in denen man das Ziehschleifen einführt, wird man daher auch bald nach besseren Spannverfahren suchen, wenn sie nicht schon angewendet werden.

In Abb. 174 ist ein Aufspannverfahren für dünnwandige Buchsen auf der Drehbank gezeigt, bei dem ein Verspannen ganz vermieden werden kann und trotzdem die größte Zerspannungsleistung möglich ist. Es wird ein normales Dreibackenfutter verwendet, das für die Aufnahme von Spannschrauben noch drei T-Nuten hat. Die Büchse wird zunächst wie gewöhnlich in das Zentrierfutter eingespannt, jedoch nur so leicht, daß die Backen das Werkstück eben berühren und es nur zentrieren. Festgespannt für die Übertragung der Drehmomente wird das Werkstück durch die drei Spannschrauben a_1, a_2, a_3 mit dem Spannring b. Zur Vermeidung von Fehlern durch Werkstoffeigenspannungen empfiehlt es sich, vor dem letzten Span alle Spannmittel nochmals zu lösen und wieder anzuziehen. Für dieses Spannverfahren ist also nur ein besonderer Spannring nötig, der dann für eine bestimmte Größe immer wieder verwendet werden kann. Es wird also in jedem Falle dieses Verfahren dem gewöhnlichen Spannen im Dreibackenfutter vorzuziehen sein.

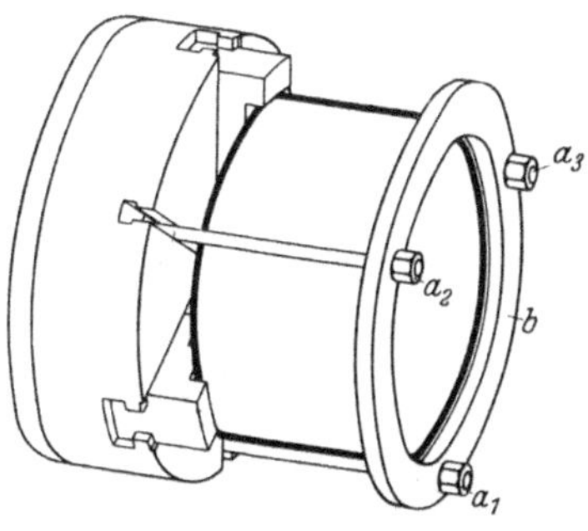

Abb. 174. Spannen von Buchsen im Dreibackenfutter ohne Verspannung. a_1 a_2 a_3 Spannschrauben, b Spannring.

Beim Ausbohren längerer dünnwandiger Büchsen auf Bohrwerken treten Verspannungsfehler besonders häufig auf, da bei dem üblichen Aufspannen in Prismen durch Spanneisen, auch wenn es noch so vorsichtig geschieht, ein Verspannen kaum jemals ganz vermieden werden kann. Wendet man dagegen die Spannverfahren an, wie sie bei der Behandlung der Zentrierschraubstöcke in Abb. 95 ÷ 98 gezeigt worden sind, so hat man die größtmögliche Gewähr dafür, daß das Werkstück nicht verspannt wird.

Sind größere Mengen von Zylinderbuchsen gleicher Abmessungen zu bearbeiten, so ist es natürlich noch empfehlenswerter, Sonderspannvorrichtungen zu verwenden, mit denen das Aufspannen beschleunigt werden kann. Den Spanndruck wird man dann immer in axialer Richtung wirken lassen, wie bei dem Spannverfahren auf der Drehbank in Abb. 174.

Es muß hier noch erwähnt werden, daß, ganz abgesehen von den Bearbeitungsfehlern die durch Verspannungen entstehen, es sehr schwierig ist, auf Waagerechtbohrwerken längere Zylinderbuchsen so genau rund auszubohren, wie es für die Fertigbearbeitung durch Ziehschleifen erforderlich oder wünschenswert ist. Diese Fehler haben aber ihre Ursache in der Maschine und sind daher getrennt zu bekämpfen. Sie können mit Verspannungsfehlern nicht verwechselt werden, da sie sich bereits vor dem Abspannen des Werkstückes zeigen, während Verspannungsfehler sich erst hinterher bemerkbar machen.

48. Verhüten von Verspannungsfehlern beim Aufspannen sperriger Werkstücke. Beim Aufspannen sperriger Werkstücke werden besonders viel Fehler gemacht. Wenn es sich auch nicht immer vermeiden läßt, solche Werkstücke ausmeßbar zu verspannen, so kann man mit etwas Überlegung doch immer verhüten, daß das Verspannen ausmeßbare Fehler an **fertigen**, abgespannten Werkstücken hinterläßt. Ein Beispiel dafür sei das Bearbeiten einer Schubstange nach zwei verschiedenen Verfahren. Nach Verfahren 1 soll die Stange in einer Aufspannung an beiden Enden ausgebohrt und abgeflächt werden. Wird die Stange wie in Abb. 175 durch zwei Maschinenschraubstöcke aufgespannt, so ist es ziemlich sicher, daß sie dabei verspannt und zwar hauptsächlich verwunden wird, denn die Schraubstockbacken legen sich nicht gleichmäßig an das unebene Werkstück an, sondern pressen es mit Gewalt in ihre starre Öffnung hinein. Ebenso sicher ist auch, daß die fertig bearbeitete Stange nach dem Abspannen so zurückfedert, daß die Richtung der Löcher zueinander dadurch verändert wird. Wird dagegen die Stange wie in Abb. 176 in zwei Gabelspannkloben aufgespannt, wobei die Schrauben *a* nur zum Abfangen des Seitendruckes bei der Bearbeitung dienen und die Stange nur in senkrechter Richtung durch die Spanneisen *b* festgespannt wird, so ist es zwar möglich, daß die Stange auch noch etwas verspannt wird. Da die Stange dabei aber nur hochkant in Richtung des

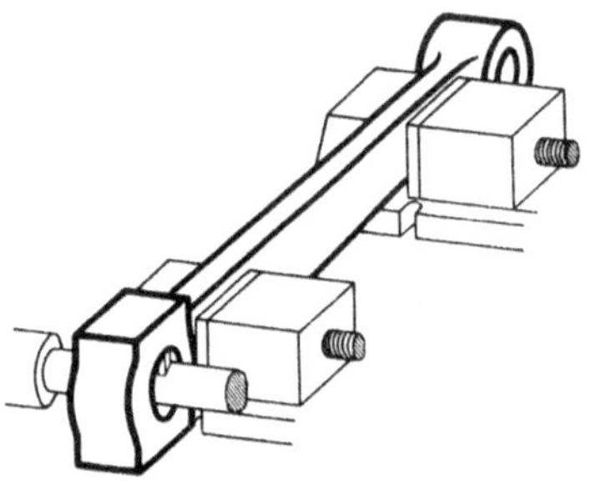

Abb. 175.

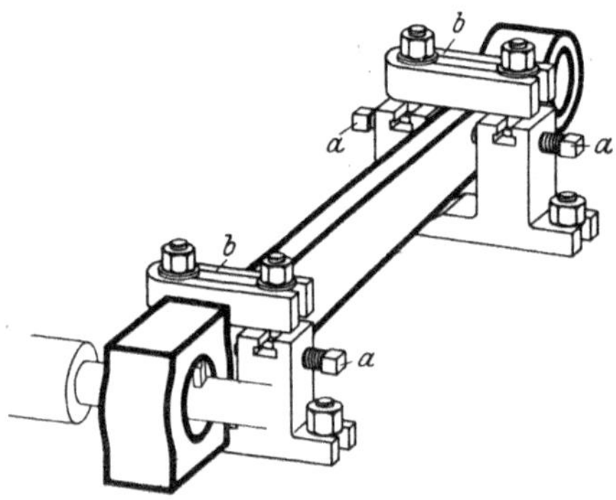

Abb. 176. *a* Spannschrauben, *b* Spanneisen.

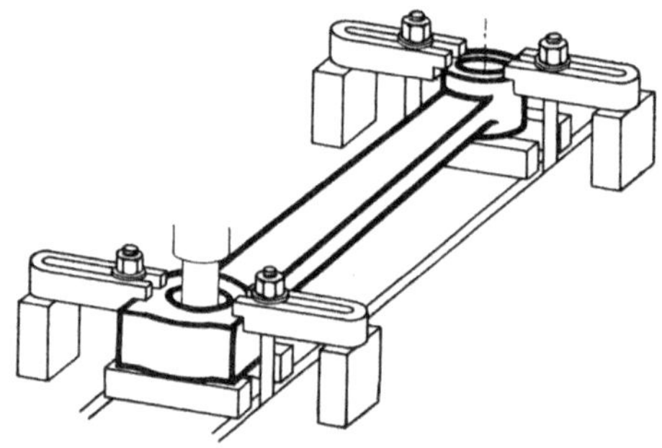

Abb. 177.

Abb. 175 bis 177. Aufspannen von Schubstangen.

Spanndruckes durchfedern kann, so ist es so gut wie ausgeschlossen, daß sich nach dem Abspannen noch Fehler in den Richtungen der Löcher zueinander zeigen können, wenn sie vorher nicht da waren.

Nach Verfahren 2 ist die Stange in einer Vorbearbeitung bereits an beiden Enden und Seiten abgeflächt. Wird die Stange nun, was durchaus üblich ist, wie in Abb. 177 aufgespannt, indem man sie mit den bearbeiteten Flächen auf Parallelunterlagen legt und durch Spanneisen in senkrechter Richtung hält, so ist es zwar sehr unwahrscheinlich, daß die Stange stark verspannt wird, aber doch möglich und fast immer wird sie es in geringem Maße. Denn es ist durchaus keine Gewähr dafür gegeben, daß die Stangenflächen ohne Spanndruck überall gleichmäßig oder überhaupt aufliegen, weil entweder die Stangenflächen nicht genau gerade und eben, oder die Unterlagen ungenau sind, oder endlich der Maschinentisch nicht mehr gerade ist. Beim Festziehen der Spannschrauben wird die Stange in demselben Maße durchfedern, wie hier Fehler vorliegen. Gleichfalls in demselben Maße werden sich nach dem Abspannen auch Fehler in den Lochrichtungen zueinander zeigen. Spannt man die Stange dagegen wie in Abb. 178 auf, wobei sie nur lose auf die Unterlagen gelegt und durch zwei Maschinenschraubstöcke in waagerechter Richtung gespannt wird, so ist es kaum möglich, sie zu verspannen.

Es kommt also darauf an, den Spanndruck stets in solcher Richtung wirken zu lassen, daß die Lage der Arbeitsflächen (Bohrlöcher) des Werkstückes zueinander niemals beeinflußt werden kann, auch wenn durch den Spanndruck das Werkstück durchgebogen und verspannt werden sollte.

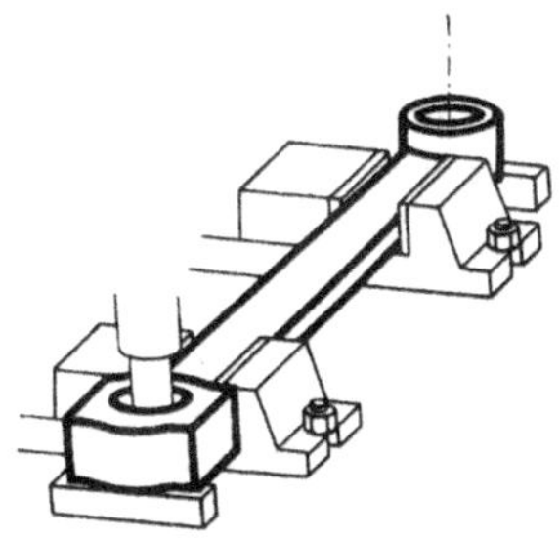

Abb. 178.
Aufspannen von Schubstangen.

Ferner ist aus obigen Beispielen die Lehre zu ziehen: Ist es nicht zu umgehen, daß vorbearbeitete Flächen unmittelbar auf den Maschinentisch oder auf Parallelunterlagen gespannt werden, so ist dafür zu sorgen, daß vor dem Festspannen an den Spannstellen Werkstück und Tisch sich auch wirklich berühren bzw. etwa vorhandene Hohlräume durch dünne Blechbeilagen ausgefüllt werden.

Verspannen kann man sperrige Werkstücke auch dadurch, daß man Unterlagen aus stark elastischem Werkstoff, z. B. aus Holz verwendet. Wenn Holzunterlagen auch in vielen Fällen sich durchaus bewähren, so dürfen sie doch keinesfalls angewendet werden, wenn das Werkstück sehr sperrig und daher auch sehr elastisch ist und an mehr als zwei oder drei Stellen unterstützt bzw. festgespannt werden muß. Nur bei der Ein- bis Dreipunktauflage können Holzunterlagen nicht schaden. Werden Holzunterlagen aber wie in Abb. 179 angewendet, so wird das Werkstück krummgebogen bzw. verwunden, denn es ist praktisch unmöglich, alle Spannschrauben genau gleichmäßig anzuziehen und dadurch zu vermeiden, daß eine Unterlage mehr als die andern zusammengedrückt und das Werkstück verspannt wird.

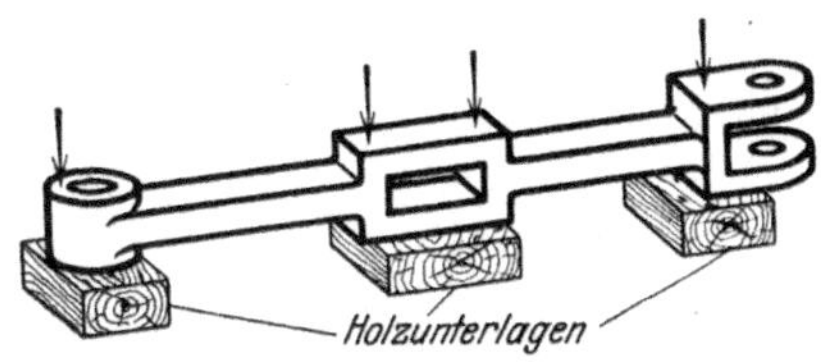

Abb. 179. Verspannen durch falsche Verwendung von Holzunterlagen.

49. Verhütung von Verspannungsfehlern durch Versteifung der Werkstücke. Für manche Werkstücke sind gute Aufspannmöglichkeiten sehr gering und Biegungsmomente, durch die das Werkstück mehr oder weniger krumm gebogen wird, ganz unvermeidlich. Ein charakteristisches Beispiel dafür bietet die Bearbeitung gekröpfter Wellen. Bei der Aufnahme zwischen Körnerspitzen wird die Kröpfung durch den Spanndruck in der Achse am offenen Ende etwas zusammengedrückt und damit die Welle etwas durchgebogen. Die Kröpfung muß deshalb vorher versteift werden, was meistens mit Schraube und Mutter geschieht. Es kommt aber dabei vor, daß mit der Schraube ein zu starker oder auch zu schwacher Druck ausgeübt wird

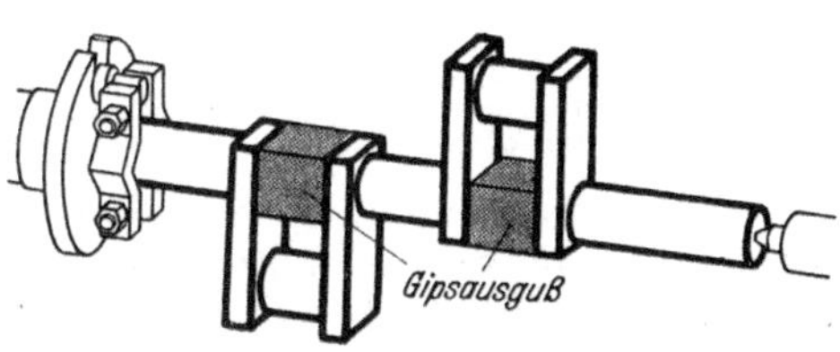

Abb. 180.

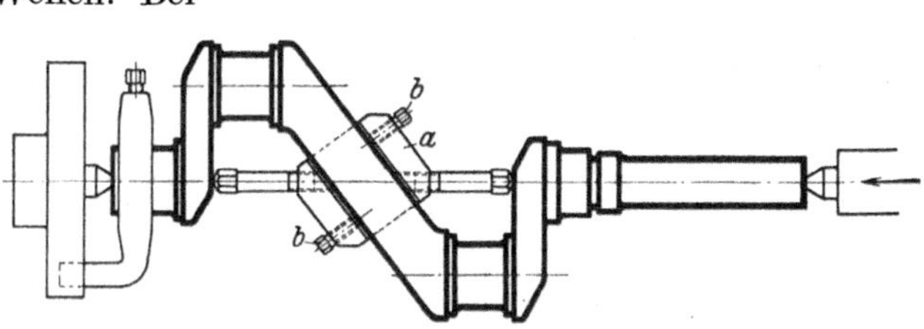

Abb. 181.
a Druckstück, *b* Spannschrauben.

Abb. 180 u. 181. Vermeiden von Verspannungen durch vorheriges Versteifen.

und sich nach der Bearbeitung doch noch kleinere Verspannungsfehler zeigen. Es ist darum besser, den Hohlraum der Kröpfung mit Gips auszugießen (Abb. 180). Bei einer Form der Kurbelwelle wie in Abb. 181 ist das Ausgießen mit Gips jedoch nicht möglich, vielmehr nur die Schraubenversteifung anwendbar. Zu dem Zweck ist auf dem Mittelschenkel das Druckstück *a* mit den Schrauben *b* befestigt, das zur Aufnahme der Versteifungsschrauben dient.

50. Fehler in der Spannrichtung. Beim Aufspannen von Werkstücken auf Hobel- und Fräsmaschinen ist es bisweilen, besonders bei Verwendung von Maschinenschraubstöcken und Aufspannwinkeln, nicht gleichgültig, in welcher Richtung der Spanndruck mit Bezug auf die Richtung des Schnittdruckes verläuft. Werden hierbei Fehler gemacht, so verlängert sich die Bearbeitungszeit oder die Maschine wird in einer ganz unzulässig ungünstigen Weise beansprucht. Eine alte Regel, die teilweise auch im Schrifttum Aufnahme gefunden hat, besagt, daß der Schnittdruck niemals gegen den Spanndruck gerichtet sein dürfe, sondern stets in gleicher Richtung mit diesem verlaufen müsse. Spannt man also auf Hobel- oder Fräsmaschine ein Werkstück gegen einen Aufspannwinkel oder in einen Maschinenschraubstock ein, so soll sich der Schnittdruck gegen den Winkel bzw. gegen die feste Backe des Schraubstockes richten, gegen die auch die Spannelemente drücken. Diese Regel beruht auf einer falschen Voraussetzung: man hat

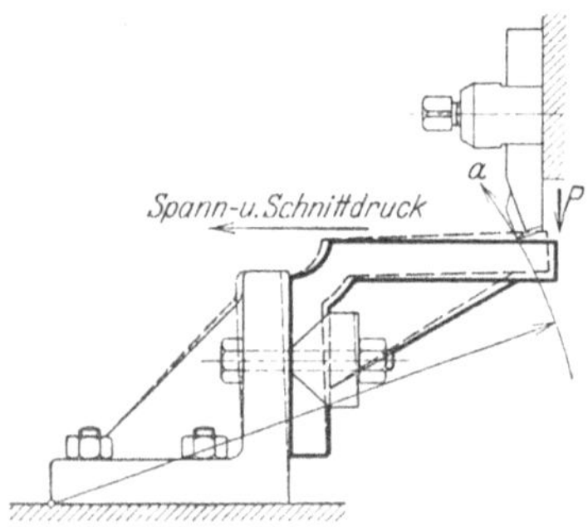

Abb. 182. Falsche Spannrichtung zur Schnittrichtung. *P* Rückdruck, *a* Richtung der federnden Abbiegung.

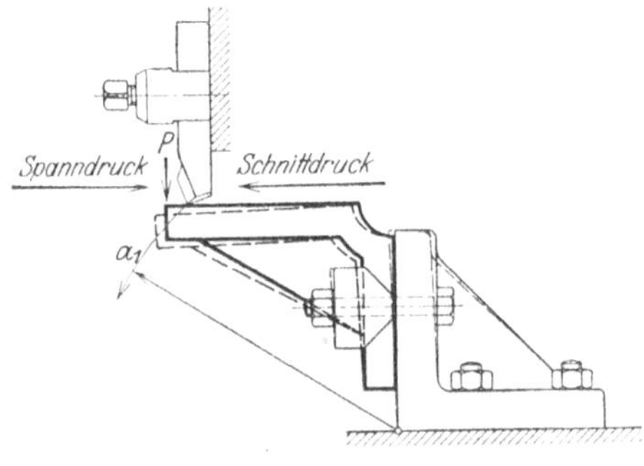

Abb. 183. Richtige Spannrichtung zur Schnittrichtung. *P* Rückdruck, a_1 Richtung der federnden Abbiegung.

fälschlicherweise angenommen, daß die unter dem Spanndruck stehenden Spannelemente dann noch eine Zusatzbelastung erhalten, wenn der Schnittdruck gegen sie gerichtet wird, und daß sie dadurch so stark belastet werden, daß sie brechen müssen, mindestens aber überbeansprucht und verdorben werden. Daß das aber niemals der Fall sein kann, ist bereits in Abschnitt 4 „Aufnahme der Schnittkräfte beim Spannen" erläutert worden, auf den an dieser Stelle besonders hingewiesen sei.

Von diesem Gesichtspunkt aus kann es also zunächst gleichgültig sein, ob der Spanndruck dem Schnittdruck entgegen oder gleichgerichtet ist. Untersucht man aber die durch den Schnittdruck hervorgerufenen Vorgänge, die auf die Elastizität und auf die besondere Beschaffenheit und Eigenart des Spannmittels und manchmal auch des Werkstückes zurückzuführen sind, näher, so zeigt es sich, daß es bisweilen nicht nur zweckmäßig, sondern unbedingt notwendig ist, entgegen jener Regel, gegen den Schnittdruck zu spannen. Das soll an einigen Beispielen erläutert werden.

In Abb. 182 und 183 sind zunächst die Vorgänge und Auswirkungen bei Benutzung eines Winkels als Spannmittel gezeigt: In Abb. 182 verläuft, der Regel gemäß, der Spanndruck in gleicher Richtung mit dem Schnittdruck. Wie jedem erfahrenen Hobler oder Fräser aber bekannt sein dürfte, ist diese Aufspannung außerordentlich ungünstig, denn es treten beim Arbeiten so starke Erschütterungen an Werkzeug und Maschinen auf, daß eine normale Zerspanungsleistung gar nicht möglich ist. Schnittgeschwindigkeit und Vorschub müssen stark herabgesetzt werden und trotzdem kann eine einwandfreie Arbeitsfläche oft nicht erzielt werden. Wird das Werkstück dagegen wie in Abb. 183 aufgespannt, so daß der Schnittdruck von den Spannschrauben aufgenommen wird, so hören die Erschütterungen auch bei höchster Zerspanungsleistung auf: Hobelstahl bzw. Fräser arbeiten ruhig und hinterlassen eine glatte Fläche. Diese zunächst merkwürdige Tatsache läßt sich damit erklären, daß sowohl Werkstück als auch Aufspannwinkel unter dem Schnittdruck etwas federnd nachgeben. Die Kreisbögen a bzw. a_1 geben nun ungefähr die Richtung für die federnde Abbiegung an. Wenn neben der waagerechten Schnittkraft (Hauptschnittdruck) zwar auch eine schwächere Teilkraft P (Rückdruck) auftritt, so kann diese doch nicht verhindern, daß sich das Werkstück, wie es die gestrichelten Linien übertrieben andeuten, in Abb. 182 dem Schneidstahl zu nähern, in Abb. 183 sich von ihm zu entfernen sucht. Im ersten Falle hakt der Schneidstahl fortgesetzt ein und ruft Erschütterungen hervor, während er im zweiten Falle, unter Voraussetzung einer richtigen Form, schleppend und daher ruhig arbeitet. Könnte man das freie Ende des Werkstückes auch in senkrechter Richtung mit dem Maschinentisch verspannen, so wäre es natürlich ganz gleichgültig, in welcher Richtung der waagerechte Spanndruck verliefe.

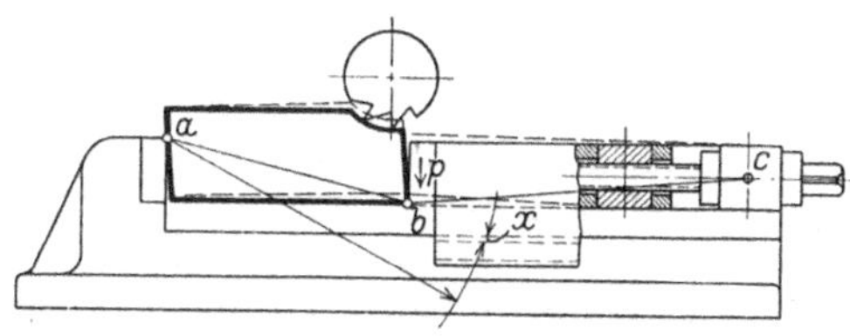

Abb. 184. Falsche Fräsrichtung.
a, b Anlagestellen, c Ausgangspunkt des Spanndrucks, p senkrechte Teilkraft vom Spanndruck, x Spiel.

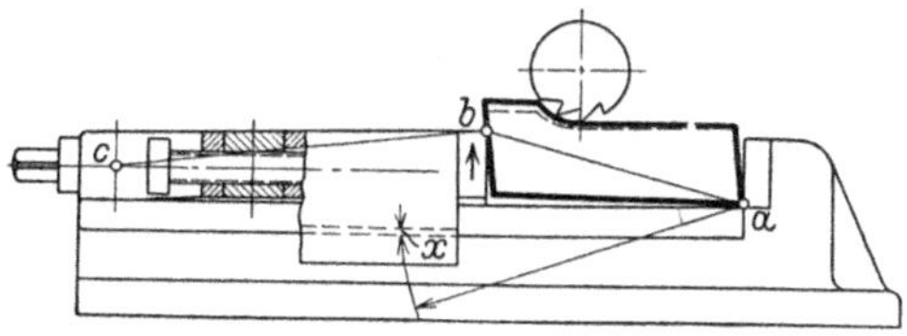

Abb. 185. Richtige aber „regelwidrige" Fräsrichtung.
a, b Anlagestellen, c Ausgangspunkt des Spanndrucks, x Spiel.

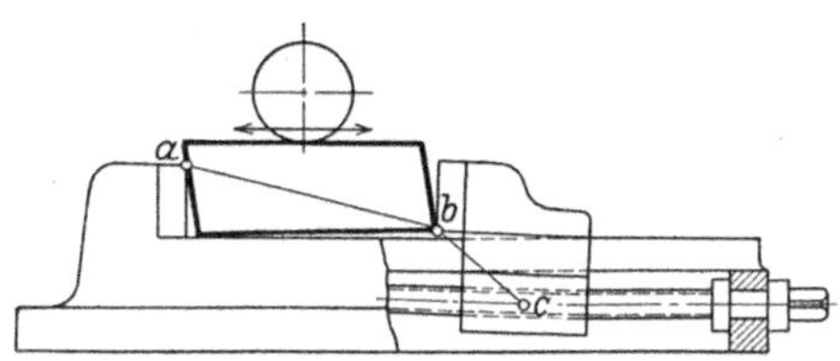

Abb. 186. Schraubstock minderwertiger Konstruktion.
a, b Anlagestellen, c Ausgangspunkt des Spanndruckes.

Abb. 184 bis 186. Schnitt- und Spannrichtung bei Schraubstockarbeiten (Fräsen).

Ähnlich wie bei den Aufspannwinkeln verhält es sich auch bei den Maschinenschraubstöcken, doch ist ihre besondere Konstruktion maßgebend. Die Konstruktion kann nämlich so sein, daß die Spannrichtung ganz gleichgültig ist oder daß sie aus den gleichen Gründen wie bei den Aufspannwinkeln gegen den Schnittdruck gerichtet werden muß. Auch ist bisweilen die Form des Werkstückes zu beachten. Abb. 184 und 185 zeigen das Fräsen eines Werkstückes in einem Schraubstock guter Bauart, wobei der Schnittdruck einmal gegen die feste Backe und das andere Mal gegen die bewegliche Backe gerichtet ist. Da das Werkstück an den Enden etwas schiefwinklig gedacht ist und daher nur an den Punkten a und b anliegt, die Spannkraft aber von dem Punkt c ausgeht, so ergibt sich eine Kniehebelwirkung a—b—c, und eine verhältnismäßig nur geringe Kraft p (Abb. 184) drückt Werkstück und bewegliche Spannbacke senkrecht nach unten. Andererseits sucht der Fräser das Werkstück nicht nur in der Vorschubrichtung vorzudrücken, sondern auch in der Schnittrichtung hochzureißen und zwar mit um so größerer Kraft, je größer Schnittiefe und Vorschub sind. Wird nun diese nach oben gerichtete Kraft größer als die nach unten gerichtete *p*, so wird das Werkstück zusammen mit der beweglichen Spannbacke um das Spiel *x* (übertrieben dargestellt), das die Backenführung für ausreichende Beweglichkeit haben muß, angehoben. Durch die durch die Fräserzähne hervorgerufenen fortgesetzten Schnittdruckschwankungen wird sich das Werkstück in schnellem Wechsel heben und senken, indem es um Punkt *a* schwingt, und das an Fräsmaschinen so bekannte Brummen hervorrufen. Wird dagegen der Schraubstock umgedreht und wie in Abb. 185 gefräst, so daß sich der Schnittdruck gegen die bewegliche Backe richtet, so sind Erschütterungen innerhalb des Schraubstockes nicht möglich, denn die Backe wird um das Spiel *x* von vornherein durch die Kniehebelwirkung nach oben gedrückt, kann also durch die Schnittkräfte nicht weiter angehoben werden. Wohl kann aber das Werkstück nach unten federnd ausweichen, so daß der Fräser schleppend und ruhig arbeitet.

Bei Schraubstöcken älterer Bauart kann, wie aus Abb. 186 hervorgeht, die Richtung des Schnittdruckes gleichgültig sein. Das kommt daher, daß die Spannschraube weit unter dem das Werkstück angreifenden Punkt *b* liegt. Dadurch muß unbedingt die Backe sich um Punkt *a* verkanten und sich spielfrei so fest klemmen, daß sie wie eine feste Backe wirkt. Somit ist es auch unmöglich, daß das Werkstück durch das Werkzeug angehoben wird.

Buchdruckerei Otto Regel G. m. b. H., Leipzig.

***Elemente des Werkzeugmaschinenbaues.** Ihre Berechnung und Konstruktion. Von Professor Dipl.-Ing. **Max Coenen,** Chemnitz. Mit 297 Abbilbildungen im Text. IV, 146 Seiten. 1927. RM 10.—

Die Grundzüge der Werkzeugmaschinen und der Metallbearbeitung. Von Professor **F. W. Hülle,** Magdeburg. In zwei Bänden.
Erster Band: Der Bau der Werkzeugmaschinen. Siebente, vermehrte Auflage. Mit 536 Textabbildungen. IX, 287 Seiten. 1931.
RM 7.—; gebunden RM 8.25
*Zweiter Band: Die wirtschaftliche Ausnutzung der Werkzeugmaschinen. Vierte, vermehrte Auflage. Mit 580 Abbildungen im Text und auf einer Tafel, sowie 46 Zahlentafeln. VIII, 309 Seiten. 1926.
RM 9.—; gebunden RM 10.50

***Prüfbuch für Werkzeugmaschinen.** (Die Arbeitsgenauigkeit der Werkzeugmaschinen.) Von Professor Dr.-Ing. **G. Schlesinger,** Berlin. Zweite, erweiterte Auflage. Mit 18 Einzelfiguren und 34 Figurengruppen. VII, 56 Seiten. 1931. Gebunden RM 12.—
Mit Schreibpapier durchschossen und gebunden RM 13.—

***Werkzeuge und Einrichtungen der selbsttätigen Drehbänke.** Von Oberingenieur **Ph. Kelle,** Berlin. Mit 348 Textabbildungen, 19 Arbeitsplänen und 8 Leistungstabellen. V, 154 Seiten. 1929. RM 15.—; gebunden RM 16.50

***Die Werkzeuge und Arbeitsverfahren der Pressen.** Mit Benutzung des Buches „Punches, dies and tools for manufacturing in presses" von Joseph V. Woodworth von Oberingenieur Professor Dr. techn. **Max Kurrein,** Berlin. Zweite, völlig neubearbeitete Auflage. Mit 1025 Abbildungen im Text und auf einer Tafel sowie 49 Tabellen. IX, 810 Seiten. 1926.
Gebunden RM 48.—

***Automaten.** Die konstruktive Durchbildung, die Werkzeuge, die Arbeitsweise und der Betrieb der selbsttätigen Drehbänke. Ein Lehr- und Nachschlagebuch. Von Oberingenieur **Ph. Kelle,** Berlin. Zweite, umgearbeitete und vermehrte Auflage. Mit 823 Figuren im Text und auf 11 Tafeln sowie 37 Arbeitsplänen und 8 Leistungstabellen. XI, 466 Seiten. 1927. Gebunden RM 26.—

***Taschenbuch für den Maschinenbau.** Herausgegeben von Professor **H. Dubbel,** Ingenieur, Berlin. Fünfte, völlig umgearbeitete Auflage. Mit 2800 Textfiguren. In zwei Bänden. X, 1756 Seiten. 1929.
Zusammen gebunden RM 26.—

* *Auf die Preise der vor dem 1. Juli 1931 erschienenen Bücher wird ein Notnachlaß von 10% gewährt.*

GPSR Compliance

The European Union's (EU) General Product Safety Regulation (GPSR) is a set of rules that requires consumer products to be safe and our obligations to ensure this.

If you have any concerns about our products, you can contact us on ProductSafety@springernature.com

In case Publisher is established outside the EU, the EU authorized representative is:

Springer Nature Customer Service Center GmbH
Europaplatz 3
69115 Heidelberg, Germany

Batch number: 10577876

Printed by Printforce, the Netherlands